Digitalisierung souverän gestalten II

Ernst A. Hartmann
Hrsg.

Digitalisierung souverän gestalten II

Handlungsspielräume in digitalen
Wertschöpfungsnetzwerken

 Springer Vieweg

Hrsg.
Ernst A. Hartmann
Institut für Innovation und Technik
VDI/VDE Innovation + Technik GmbH
Berlin, Deutschland

ISBN 978-3-662-64407-2   ISBN 978-3-662-64408-9   (eBook)
https://doi.org/10.1007/978-3-662-64408-9

Die Deutsche Nationalbibliothek verzeichnet diese Publikation in der Deutschen Nationalbibliografie; detaillierte bibliografische Daten sind im Internet über http://dnb.d-nb.de abrufbar.

Einbandabbildung: © iit in der VDI/VDE Innovation + Technik GmbH
Jede Personenbezeichnung in dieser Publikation gilt für jedes Geschlecht.

Planung/Lektorat: Alexander Gruen
Springer Vieweg ist ein Imprint der eingetragenen Gesellschaft Springer-Verlag GmbH, DE und ist ein Teil von Springer Nature.
Die Anschrift der Gesellschaft ist: Heidelberger Platz 3, 14197 Berlin, Germany

Inhaltsverzeichnis

Digitale Souveränität: Soziotechnische Bewertung und Gestaltung von Anwendungen algorithmischer Systeme 1
Ernst A. Hartmann

Digital souveräne Gestaltung von Services – ein marktfähiger Mehrwert? 14
Claudia Lehmann und Luca Dörr

Digitalisierung im Werkzeug- und Formenbau als neue Wunderwaffe bei der Herstellung von Produkten!/?/! 25
Thomas Seul und Fabian Diehr

Anwendungen und Lösungsansätze erklärbarer Künstlicher Intelligenz. 38
Tom Kraus und Lene Ganschow

Nachweislich eine gute Entscheidung: Qualitätssicherung für künstlich-intelligente Verfahren in der Industrie 51
Annelie Pentenrieder, Ernst A. Hartmann, und Matthias Künzel

Hybrides Maschinelles Lernen im Kontext der Produktion 64
Isabelle Gauger, Tobias Nagel, und Marco Huber

Humanzentrierte Künstliche Intelligenz: Erklärendes interaktives maschinelles Lernen für Effizienzsteigerung von Parametrieraufgaben 80
Christian Wirth, Ute Schmid, und Stefan Voget

Konzept zur zielgerichteten Kompetenzentwicklung für Initiativen des Maschinellen Lernens 93
Thorben Panusch, Jan Büscher, René Wöstmann, und Jochen Deuse

Regulierung und Zertifizierung von KI in der Industrie: Ziele, Kriterien und Herausforderungen 110
Axel Mangelsdorf, Nicole Wittenbrink, und Peter Gabriel

Szenario-Technik mit digitalen Technologien.   120
Patrick Ködding und Roman Dumitrescu

**Wem gehören die Daten? Vertragliche Regelungen, Möglichkeiten
und Grenzen bei der Nutzung datenbasierter Produkte**.   136
Julia Froese und Sebastian Straub

Autorenverzeichnis   153

Digitale Souveränität: Soziotechnische Bewertung und Gestaltung von Anwendungen algorithmischer Systeme

Ernst A. Hartmann[✉]

Institut für Innovation und Technik in der VDI/VDE Innovation + Technik
GmbH, Steinplatz 1, 10623 Berlin, Deutschland
hartmann@iit-berlin.de

Zusammenfassung. Digitale Souveränität ist eng verbunden mit der Handlungsfähigkeit von Individuen und Organisationen. Auf der Ebene des Individuums können handlungs- und kontrolltheoretische Konzepte zu einer genaueren Beschreibung und Operationalisierung digitaler Souveränität beitragen. Auf der Ebene von Arbeitssystemen stehen seit Jahrzehnten erprobte Verfahren zur Bewertung und Gestaltung zur Verfügung. Aufbauend auf diesen methodisch-theoretischen Grundlagen wird ein Konzept für die soziotechnische Bewertung von Anwendungen algorithmischer Systeme – insbesondere auf Künstlicher Intelligenz basierter Systeme – in der Arbeitswelt vorgestellt. Die Potenziale dieses Konzepts für die Auditierung und Zertifizierung solcher Anwendungen, in Kooperation mit den anwendenden Unternehmen, werden diskutiert.

Schlüsselwörter: Digitale Souveränität · Auditierung · Zertifizierung · Soziotechnische Bewertung · Organisationsgestaltung · Technikgestaltung · Arbeitsgestaltung

1 Handlungsfähigkeit und Kontrolle

Im vorliegenden Beitrag sollen Antworten auf die folgenden Fragen gesucht werden:

- Können algorithmische Systeme – darunter auch auf Künstlicher Intelligenz (KI) basierte Systeme – im Hinblick auf ihre Auswirkungen auf die digitale Souveränität in der Wirtschaft bzw. in der Arbeitswelt bewertet werden?
- Stehen für eine solche Bewertung angemessene wissenschaftliche und methodische Grundlagen zur Verfügung?
- Sollte sich eine solche Bewertung – auch im Sinne einer Auditierung oder Zertifizierung – auf die Produkte, also die algorithmischen Systeme selbst, beziehen und sich an deren Hersteller wenden, oder sollte sie die Anwendungen der Systeme im konkreten Nutzungskontext bei den Anwenderunternehmen betrachten?

Dieser Beitrag baut auf einem Kapitel des vorigen Themenbandes ‚Digitalisierung souverän gestalten' auf (Hartmann 2020). Dort wurden Grundlagen der Handlungs- und Kontrolltheorie dargestellt und hinsichtlich ihrer Eignung für die Ableitung

E. A. Hartmann (Hrsg.): *Digitalisierung souverän gestalten II*, S. 1–13, 2022.
https://doi.org/10.1007/978-3-662-64408-9_1

von Kriterien der Bewertung von KI-Systemen – oder allgemeiner: algorithmischen Systemen – im Hinblick auf die digitale Souveränität erörtert. Im hier vorliegenden Text soll diese Anwendung näher ausgearbeitet werden. Dazu werden im Folgenden die wesentlichen Gedankengänge des Vorläufertextes kurz zusammengefasst.

Der zentrale Gedankengang stützt sich dabei auf die Überlegung, dass sich digitale Souveränität ausdrückt in der *Handlungsfähigkeit* von Menschen oder Organisationen und der *Kontrolle,* die sie über ihre Umwelt und ihre Lebensbedingungen haben, speziell im Hinblick auf digitale Systeme, die diese Umwelt in Teilen konstituieren und mithilfe derer wiederum auch diese Kontrolle ausgeübt werden kann (Couture, Toupin 2019).

Aussagen zur menschlichen *Handlungsfähigkeit* und ihren Bedingungen macht die Handlungsregulationstheorie, auf die sich eine besonders im deutschsprachigen Raum sehr bedeutende Denkrichtung der Arbeitspsychologie stützt (Hacker 2005, 2010; Hacker, Richter 1990). Diese Theorie beschreibt Strukturen und Prozesse menschlicher Arbeitshandlungen und erlaubt es, Arbeitsbedingungen zu bewerten.

Weiterhin verweisen *Kontroll*theorien (Karasek 1989) auf die Bedeutung der Kontrolle der Menschen über ihre Umwelt-, Lebens- und Arbeitsbedingungen als wesentliche Bedingung menschlicher Leistungsfähigkeit und Gesundheit; sie charakterisieren auch die objektiven Bedingungen, in denen eine solche Kontrolle entstehen kann.

Rainer Oesterreich (1981) verknüpfte nun Handlungs- und Kontrolltheorien mit seinen Konzepten des Handlungsraums sowie der *Effizienz* und der *Divergenz.* Der Handlungsraum ist eine abstrahierte Darstellung des Arbeitsumfeldes. Er besteht aus Situationen, in denen bestimmte Handlungen möglich sind, die dann wiederum – je nach gewählter Handlung – zu weiteren Situationen führen (ausführlichere Erläuterungen und Literaturverweise in Hartmann 2021).

Die *Effizienz* bezieht sich nun auf die Übergangswahrscheinlichkeiten, mit denen die in einer bestimmten Situation verfügbaren Handlungen zu definierten neuen Situationen führen. Idealerweise betragen alle diese Übergangswahrscheinlichkeiten 1,0; es führt also jede Handlung mit Sicherheit zu einer neuen Situation. Dieses Phänomen kann auch als Handlungssicherheit verstanden werden, also als ein Maß dafür, wie sicher sich ein arbeitender Mensch sein kann, mit einer bestimmten Handlung auch ein bestimmtes Ziel zu erreichen. Eingeschränkt wird die Effizienz, die Handlungssicherheit auf Seiten des Menschen etwa durch zu geringe Erfahrung, auf Seiten des technischen Systems durch mangelnde technische Zuverlässigkeit.

Ein zweiter Aspekt der Kontrolle, die Menschen über ihre Umwelt haben, ist die *Divergenz.* Sie hängt davon ab, wie viele neue Situationen durch Handlungen aus einer gegebenen Situation heraus erreicht werden können; die Divergenz ist eng verbunden mit den Konzepten des Handlungsspielraums und der Freiheitsgrade (Hacker 2005; Osterloh 1983). Sie wird begrenzt durch eine (zu) schmale Qualifikation des Menschen oder durch eine rigide, enge Benutzerführung durch das System.

Gerade im Hinblick auf komplexe, algorithmische Systeme ist die *Transparenz* des Systems eine ganz wesentliche Voraussetzung für Handlungsregulation und Kontrolle. Diese Transparenz kann unmittelbar gegeben sein durch inhärent transparente Systeme, oder sie muss indirekt hergestellt werden durch explizite Systemmodule, die dem Menschen eine Beschreibung und Erklärung der Prozesse und

Resultate des algorithmischen Systems geben können; solche Verfahren sind Gegenstand der Erklärbaren KI (Explainable Artificial Intelligence, XAI; vgl. Mueller et al. 2019).

Anhand dieser drei Dimensionen – Transparenz, Effizienz und Divergenz – soll im Folgenden ein Konzept soziotechnischer Souveränität entwickelt werden, auch als mögliche Grundlage der Bewertung und Gestaltung konkreter Anwendungen algorithmischer Systeme.

2 Soziodigitale Souveränität

Digitale Souveränität in der Wirtschaft bezieht sich, wie oben dargelegt, auf die Handlungsfähigkeit von Individuen und Organisationen und die Kontrolle, die sie über ihre Umgebungsbedingungen haben. Im Folgenden soll die Digitale Souveränität von Individuen – arbeitenden Menschen – im Vordergrund stehen, die für sie hier relevante Umwelt betrifft die Arbeitswelt.

Zur Charakterisierung von Arbeits(um)welten wurde das Konzept soziotechnischer Systeme entwickelt (Trist, Bamforth 1951; Ulich 2013). Nach dieser Konzeption sind drei Teilsysteme eines Arbeitssystems bzw. soziotechnischen Systems wesentlich:

- Der *Mensch* mit seinen Motiven und Bedürfnissen und seinen Kenntnissen und Fähigkeiten, die durch formales, non-formales und informelles Lernen erworben werden können.
- Die *Technik* in ihrem mehr oder weniger komplexen Aufbau aus mehr oder weniger heterogenen (mechanischen, elektronischen, optischen, fluidischen, hard- und softwarebasierten) Subsystemen, und zunehmend in ihrer komplexen Vernetzung verschiedenster, auch räumlich verteilter Systeme.
- Die *Organisation* mit den Aspekten der Aufgabenteilung und -kombination, der Aufbau- und Ablauforganisation, wobei formelle und informelle Organisationsstrukturen nebeneinander bestehen, wie auch der Organisations- bzw. Unternehmenskultur.

Kombiniert man diese drei soziotechnischen Teilsysteme mit den drei Kriterienbereichen digitaler Souveränität – Transparenz, Divergenz und Effizienz – ergibt sich die Neun-Felder-Matrix in Abb. 1.

Im Hinblick auf den *Menschen* hängt die *Transparenz* eines durch algorithmische Systeme geprägten Arbeitsumfeldes ab von IT-Grundkenntnissen, die es erlauben, die Arbeitsweise der Systeme zumindest in den Grundzügen verstehen zu können. Tiefe fachbezogene – darunter auch spezifische IT-bezogene – Kenntnisse und Fähigkeiten bestimmen das Maß an *Effizienz* – Handlungssicherheit –, mit der der Mensch agieren kann. Die *Divergenz* schließlich hängt ab von breiten, möglicherweise auch interdisziplinären Qualifikationen, die es erlauben, mehrere qualitativ unterschiedliche Wege zu bestimmten Zielen zu verfolgen.

Die *Organisation* – in allen ihren formellen und informellen Aspekten – kann durch Klarheit über Aufgaben, Rollen und Befugnisse zur *Transparenz* beitragen.

Neben anderen Faktoren wirkt das Maß an sozialer Unterstützung – selbst wiederum beeinflusst sowohl durch die Aufbauorganisation wie auch die Unternehmenskultur – auf die tatsächlich wirksame *Effizienz* der individuellen und kollektiven Handlungen. Ganz entscheidend für die *Divergenz* sind Handlungs- und Entscheidungsspielräume, die die Organisation den jeweiligen arbeitenden Menschen einräumt (Osterloh 1983).

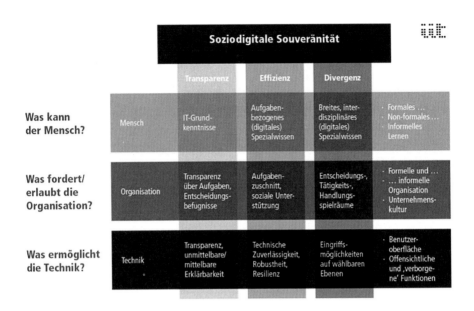

Abb. 1. Merkmale soziodigitaler Souveränität

Die *Technik* schließlich kann sowohl durch ihren inneren Aufbau wie durch ihre Mensch-Technik-Schnittstelle mehr oder weniger zur *Transparenz* beitragen. Speziell für KI-basierte Systeme entstand eine umfangreiche Literatur zur XAI (vgl. Mueller et al. 2019). Der Beitrag der Technik zur *Effizienz* zeigt sich in einer hohen technischen Zuverlässigkeit, Robustheit und Resilienz. Die *Divergenz* beeinflusst Technik schließlich positiv, wenn sie etwa Eingriffsmöglichkeiten auf vom Menschen wählbaren Ebenen anbietet (vgl. Vicente, Rasmussen 1992; Lüdtke 2015).

Für die soziotechnische Bewertung von Arbeitssystemen stehen seit Jahrzehnten erprobte, detailliert ausgearbeitete Methoden und Kriterien zur Verfügung (z. B. Strohm, Ulich 1997; Ulich 2013; Jenderny et al. 2018).

Mit diesem Überblick sind die wesentlichen Konzepte zur Beschreibung soziotechnischer Souveränität dargestellt (für eine ausführlichere Diskussion vgl. Hartmann 2020). Im Folgenden sollen diese Konzepte in den Kontext aktueller Überlegungen zur Bewertung und Zertifizierung algorithmischer, auch KI-basierter Systeme eingeordnet werden. Dazu werden zunächst einige dieser aktuellen Vorschläge vorgestellt.

3   Konzepte zur Bewertung algorithmischer Systeme

In jüngerer Zeit wurden einige Vorschläge für Verfahren und Methoden zur Bewertung algorithmischer Systeme – insbesondere auch KI-gestützter Systeme – vorgebracht. Auf europäischer Ebene hat die High-Level Expert Group on Artificial Intelligence (AI HLEG) eine Bewertungsliste für vertrauenswürdige KI-Systeme – Assessment List for Trustworthy Artificial Intelligence (ALTAI) – vorgelegt (AI HLEG 2020). Diese Liste ist unterteilt in sieben Kriterienbereiche mit jeweilgen Unterkriteriengruppen:

1. Human Agency and Oversight
   - Human Agency and Autonomy
   - Human Oversight
2. Technical Robustness and Safety
   - Resilience to Attack and Security
   - General Safety
   - Accuracy
   - Reliability, Fall-back Plans and Reproducibility
3. Privacy and Data Governance
   - Privacy
   - Data Governance
4. Transparency
   - Traceability
   - Explainability
   - Communication
5. Diversity, Non-discrimination and Fairness
   - Avoidance of Unfair Bias
   - Accessibility and Universal Design
   - Stakeholder Participation
6. Societal and Environmental Well-being
   - Environmental Well-being
   - Impact on Work and Skills
   - Impact on Society at Large or Democracy
7. Accountability
   - Auditability
   - Risk Management

Abb. 2 zeigt diese Kriterien in Beziehung zu den Kriterien soziodigitaler Souveränität.

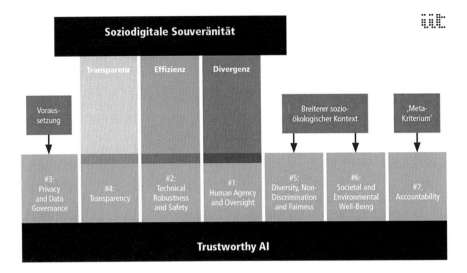

Abb. 2. Kriterienbereiche der Assessment List for Trustworthy Artificial Intelligence (ALTAI) in ihrer Beziehung zu den Merkmalen soziodigitaler Souveränität

Aus Abb. 2 wird deutlich, dass drei Kriterienbereiche der ALTAI sich sehr eng überlappen mit den drei Dimensionen soziodigitaler Souveränität:

- Die Kriterien ‚Transparenz' und ‚Transparency' sind in der Benennung identisch und auch inhaltlich sehr affin zueinander.
- Die Kriterien ‚Divergenz' – im Sinne der Möglichkeit der Wahl zwischen qualitativ verschiedenen Handlungsweisen als ein Kernmerkmal menschlicher Autonomie – einerseits und ‚Human Agency and Oversight' überlappen sich teilweise. Das erstgenannte Kriterium ist inhaltlich enger und fachwissenschaftlich wohl definiert (s. o.), das zweitgenannte deutlich breiter und dabei inhaltlich weniger konsistent unter Bezug auf spezifische wissenschaftliche Konzepte ausgearbeitet.
- Ähnlich verhält es sich bei den Kriterien ‚Effizienz' einerseits und ‚Technical Robustness and Safety' andererseits.

Ein genereller Unterschied besteht darin, dass die ALTAI nicht auf dem sozio-technischen Systemkonzept oder einer anderen systemischen Sichtweise beruht. Dies fällt besonders dort auf, wo an einzelnen Stellen auf nicht-technische Systemaspekte verwiesen wird – z. B. „Have the humans (…) been given specific training on how to exercise oversight?" (AI HLEG 2020:8) –, ohne dass eine solche Betrachtung nach Teilsystemen systematisch über alle Kriterienbereiche hinweg durchgeführt würde.

Der Kriterienbereich ‚Privacy and Data Governance' fehlt bei den Kriterien der soziodigitalen Souveränität, weil er sich aus den entsprechenden wissenschaftlichen Grundlagen nicht (unmittelbar) ableiten lässt. In einer eventuellen zukünftigen Auditierung oder Zertifizierung sollten diese Aspekte als unabdingbare Voraussetzungen der digitalen Souveränität aber unbedingt integriert werden.

Die Kriterienbereiche ‚Diversity, Non-discrimination and Fairness' und ‚Societal and Environmental Well-being' der ALTAI beziehen sich teilweise auf Sachverhalte, die für Anwendungen in der Arbeitswelt nicht immer von Bedeutung sind. So ist etwa die Nichtdiskriminierung durch Algorithmen insbesondere dort relevant, wo Personen durch algorithmische Entscheidungen in unfairer Weise betroffen sein könnten, wie etwa bei algorithmischen Entscheidungen zur Kreditvergabe. Solche Implikationen sind bei KI-Anwendungen in der Arbeitswelt nicht immer gegeben. Andererseits ist die Senkung von Nutzungshürden für diverse Nutzergruppen – z. B. auch für Personen mit spezifischen Bedarfen und Einschränkungen – auch für Systeme in Arbeitskontexten fast immer relevant; hierzu liegt auch eine substanzielle Forschungs-literatur vor (für einen Überblick vgl. z. B. Lim et al. 2021).

Accountability kann schließlich als ein ,Meta-Kriterium' betrachtet werden, das die Auslegung eines zu bewertenden Systems (was immer das System im konkreten Fall sein mag) im Hinblick auf die Ermöglichung einer Bewertung, Auditierung, Zertifizierung fordert. Dieser Aspekt sollte bei allen Bewertungen, Auditierungen, Zertifizierungen beachtet werden.

Im Whitepaper zur KI-Zertifizierung des Fraunhofer-Instituts für Intelligente Ana-lyse- und Informationssysteme IAIS (FhG-IAIS) in Kooperation mit der Universität Bonn (Institut für Philosophie) und der Universität zu Köln (Institut für Strafrecht und Strafprozessrecht) wird die Arbeit der AI HLEG aufgegriffen und es werden – auf der „Basis von Ethik und Recht" – sehr ähnliche Kriterien vorgeschlagen (Cremers et al. 2019:15 ff.):

- „Autonomie & Kontrolle: Ist eine selbstbestimmte, effektive Nutzung der KI mög-lich?
- Fairness: Behandelt die KI alle Betroffenen fair?
- Transparenz: Sind Funktionsweise und Entscheidungen der KI nachvollziehbar?
- Verlässlichkeit: Funktioniert die KI zuverlässig und ist sie robust?
- Sicherheit: Ist die KI sicher gegenüber Angriffen, Unfällen und Fehlern?
- Datenschutz: Schützt die KI die Privatsphäre und sonstige sensible Informationen?"

Im Vergleich zu den oben beschriebenen Kriterien der ALTAI fehlen hier die Kriterien 6 ,Societal and Environmental Wellbeing' und 7 ,Accountability', dafür wird das Kriterium 2 ,Technical Robustness and Safety' aufgeteilt in die Kriterien ,Verlässlichkeit' und ,Sicherheit'. Mittlerweile liegt auch ein auf dem Whitepaper basierender ,Leitfaden zur Gestaltung vertrauenswürdiger Künstlicher Intelligenz' vor (Fraunhofer IAIS 2021).

In der ,Deutschen Normungsroadmap Künstliche Intelligenz' werden zum Thema ,Qualität, Konformitätsbewertung und Zertifizierung' (DIN/DKE 2020:79 ff.) wiederum die oben genannten Kriterien des Whitepapers des Konsortiums aus IAIS und den Universitäten Bonn und Köln (Cremers et al. 2019) zitiert.

Insgesamt fällt bei diesen Vorschlägen – insbesondere in Bezug auf die AI HLEG und das Konsortium um das FhG-IAIS – auf, dass einerseits die Bedeutung einer interdisziplinären Betrachtungsweise sehr betont wird, andererseits in beiden Fällen sich diese Interdisziplinarität im Wesentlichen auf das Dreieck Informatik, Jura, und Philosophie beschränkt. Weiterhin wird in beiden Fällen eine starke Fokussierung auf den Menschen einerseits und auf gesellschaftliche Belange anderer-seits gefordert – umso mehr verblüfft die (fast vollständige, s. u.) Abwesenheit human- oder sozialwissenschaftlicher Kompetenz in den jeweiligen Konsortien bzw. Arbeitsgruppen. Das FhG-IAIS kooperiert mit jeweils einer juristischen und philosophischen Partner-Institution. Unter den 55 Mitgliedern der AI HLEG sind – neben Repräsentanten und Repräsentantinnen der Industrie, der Gewerkschaften und weiterer Interessensgruppen – von wissenschaftlicher Seite wiederum die Fächer Informatik, Jura und Philosophie (insbesondere Ethik) gut vertreten. Human- und sozialwissenschaftliche Kompetenz im engeren Sinne fehlt hingegen fast völlig, mit der (bedingten) Ausnahme von Sabine Theresia Köszegi, Professorin für Arbeitswissenschaft und Organisation am Institut für Managementwissenschaften der Technischen Universität Wien, die über einen betriebswirtschaftlichen Bildungshintergrund verfügt.

Aus dieser Diskussion lässt sich festhalten:

- In den drei für die Arbeitswelt wesentlichen Bereichen ‚Transparenz' (‚Transparency'), ‚Effizienz' (‚Technical Robustness and Safety') und ‚Divergenz' (‚Human Agency and Oversight') gibt es wesentliche Überlappungen zwischen den arbeitswissenschaftlich begründeten soziodigitalen Kriterien und entsprechenden Kriterienbereichen der ALTAI.
- Dabei können die soziotechnisch begründeten Kriterien wesentlich dazu beitragen, die recht lückenhafte human- und sozialwissenschaftliche Begründung der ALTAI-Kriterien zu ergänzen.
- Umgekehrt liefern die Kriterien der AI HLEG und des FhG-IAIS-Konsortiums viele Hinweise für weitere Kriterien, die aus einer rein soziotechnischen Betrachtung (noch) nicht ableitbar, aber für eine Bewertung von Arbeitssystemen unerlässlich sind (wie etwa Datenschutz/Privacy).
- Einige Kriterienbereiche der ALTAI beziehen sich auf breitere gesellschaftliche Fragestellungen, die für arbeitsweltbezogene Betrachtungen nicht immer relevant sind und daher fallweise hinzugezogen werden sollten.

4   Bewertungsgegenstände: KI-Systeme oder deren Anwendungen im Nutzungskontext?

Konformitätsprüfung ist der Oberbegriff für Prozesse des Evaluierens (Bewertens) von Gegenständen. Solche Evaluationen können zu einer Zertifizierung führen, wenn das Ergebnis der Konformitätsprüfung von einer dritten Seite (Third Party) bestätigt wird, die unabhängig ist vom Anbieter (erste Seite/First Party) des in Frage stehenden Gegenstandes und kein Interesse an der Nutzung (Nutzer als zweite Seite/Second Party) des Gegenstandes hat (DIN/DKE 2020:83).

Die Deutsche Normungsroadmap KI (DIN/DKE 2020) ebenso wie das FhG-IAIS-Whitepaper bzw. der darauf basierende Leitfaden (Cremers et al. 2019; Fraunhofer IAIS 2021) zielen auf Zertifizierung durch unabhängige Dritte. Das ALTAI-Assessmenttool ist demgegenüber für eine Selbsteinschätzung durch Hersteller/Anbieter (First Party) oder Nutzer (Second Party) ausgelegt.

Als Gegenstände der Konformitätsprüfung kommen grundsätzlich in Frage (DIN/ DKE 2020:81):

1. „Produkt (z. B. Hard-/Software)
2. Prozess
3. System
4. Dienstleistung
5. Managementsystem
6. Person
7. Information (z. B. Deklarationen, Behauptungen, Vorhersagen)"

Auch Kombinationen dieser Gegenstände sind möglich.

Eine weitere Fragestellung bezieht sich darauf, inwieweit sich die Bewertung bzw. Zertifizierung auf das KI-gestützte Produkt selbst beziehen soll – dann wäre der Hersteller Kunde des Verfahrens – oder auf die Nutzung des KI-basierten Systems in einem Anwendungskontext[1] als Teil eines soziotechnischen Systems – mit dem Anwenderbetrieb als Kunden.

Die ALTAI ist hier eher offen und soll verstanden werden als „Assessment List to help assess whether the AI system that is being developed, deployed, procured or used, adheres to the seven requirements of Trustworthy Artificial Intelligence" (AI HLEG 2020:3).

Die Überlegungen der KI-Normungsroadmap und des FhG-IAIS-Whitepapers bzw. -Leitfadens zielen (eher) auf Zertifizierungen der KI-Produkte selbst.

Axel Mangelsdorf, Peter Gabriel und Martin Weimer (2021) diskutieren kritisch die Vor- und Nachteile solcher KI-Produktzertifizierungen. Als Pro-Argumente werden u. a. genannt:

- Solche Zertifizierungen könnten zu mehr Rechtssicherheit für Entwickler und Anwender führen.
- Weiterhin könnten sie Wettbewerbsvorteile für insbesondere europäische KI-Anbieter hervorbringen.

Als Contra-Argumente werden dem u. a. die folgenden gegenübergestellt

- Die Kriterien seien kaum oder gar nicht prüfbar – zumindest nicht ohne Bezug auf spezifische Anwendungskontexte.
- Die Zertifizierungskosten seien insbesondere für kleine und mittlere Unternehmen als KI-Anbieter zu hoch.

Eine finale Bewertung nehmen die Autoren nicht vor, weil dies zum jetzigen Zeitpunkt noch nicht möglich sei.

---

[1] Zu einer begrifflichen Verwirrung kann hier beitragen, dass auch KI-Systeme selbst gelegentlich, in Analogie zum Begriff der Anwendungssoftware, als ‚KI-Anwendungen' bezeichnet werden. Im hier vorliegenden Text ist mit ‚Anwendung' immer die Nutzung eines solchen Systems in einem konkreten Anwendungskontext als Teilsystem eines soziotechnischen Systems – das auch organisationale Strukturen und die dort arbeitenden Menschen umfasst – gemeint.

Unabhängig von den Vorzügen und Nachteilen einer produktbezogenen Zertifizierung sollen im Folgenden einige Implikationen einer anwendungsbezogenen, auf konkrete Nutzungskontexte im Rahmen soziotechnischer Systeme bei den Anwenderunternehmen ausgerichteten Bewertung diskutiert werden.

Eine erste Überlegung bezieht sich darauf, wann ein Produkt oder System eigentlich ‚fertig' oder ‚funktional wirksam entstanden' ist. Viele Produkte entstehen in ihrer (vorläufig) finalen Form erst beim Kunden bzw. Anwender, durch kundenspezifische Variantenkonstruktion, Konfiguration oder Parametrisierung. Insbesondere KI-basierte Systeme werden mitunter beim/vom Kunden trainiert.

Auch jenseits der Frage nach der betriebsbereiten Fertigstellung des unmittelbaren technischen Systems selbst kann – im soziotechnischen Kontext – nach den Bedingungen gefragt werden, unter denen das technische System funktional wirksam wird. So kann etwa ein technisches System durch hohe Freiheitsgrade der Mensch-Technik-Interaktion grundsätzlich diversitätsförderlich ausgelegt sein. Dies wird aber möglicherweise funktional nicht wirksam, wenn organisationale Regelungen dem Menschen nur eine bestimmte Vorgehensweise erlauben, oder diese Person von ihrer Qualifikation her nur eine Methode beherrscht.

Aus dieser Perspektive entstehen technische Systeme funktional wirksam erst im Nutzungskontext, als Teilsysteme soziotechnischer Systeme. Dieser Umstand würde bei einer soziotechnischen Bewertung, eventuell auch Zertifizierung, des Systems im Anwendungskontext vollständig berücksichtigt werden können.

Die Kunden einer solchen Anwendungsbewertung wären somit keine KI-Anbieter wie bei einer Produktzertifizierung, sondern Unternehmen unterschiedlichster Branchen, die algorithmische oder KI-basierte Systeme einsetzen möchten. Besonders interessant wäre eine solche soziotechnische Bewertung bzw. Zertifizierung für solche Unternehmen, die an einer sozialpartnerschaftlichen Einführung und einem kooperativen Betrieb dieser Systeme interessiert sind und dafür objektivierbare Grundlagen suchen.

Für die konkrete Ausgestaltung eines solchen Verfahrens könnte ein kooperativer, partizipativer Ansatz mit geteilter Verantwortung gewählt werden. Dabei würde die Analyse des soziotechnischen Systems von innerbetrieblichen Akteuren gemeinsam mit externen Experten durchgeführt. Für die abschließende Bewertung könnte allerdings die externe Institution die volle Verantwortung übernehmen.

5   Fazit und Ausblick

Eingangs wurden folgende Fragen aufgeworfen:

- Können algorithmische Systeme – darunter auch KI-basierte Systeme – im Hinblick auf ihre Auswirkungen auf die digitale Souveränität in der Wirtschaft bzw. in der Arbeitswelt bewertet werden?
- Stehen für eine solche Bewertung angemessene wissenschaftliche und methodische Grundlagen zur Verfügung?
- Sollte sich eine solche Bewertung – auch im Sinne einer Auditierung oder Zertifizierung – auf die Produkte, also die algorithmischen Systeme, beziehen und sich an deren Hersteller wenden, oder sollte sie die Anwendungen der Systeme im konkreten Nutzungskontext bei den Anwenderunternehmen betrachten?

Diese Fragen können nun wie folgt beantwortet werden:

- Algorithmische bzw. KI-basierte Systeme können im Hinblick auf ihre Auswirkungen auf die digitale Souveränität in der Wirtschaft bzw. in der Arbeitswelt bewertet werden; es liegen auch schon diverse Vorschläge für Bewertungsverfahren vor, die ebenso auf Arbeitssysteme anwendbar sind.
- Psychologische Handlungs- und Kontrolltheorien und soziotechnische Bewertungs- und Gestaltungsmodelle stehen als theoretisch gut begründete und empirisch bewährte Grundlagen zur Verfügung. Sie können auch für die bislang noch in weiten Teilen fehlende human- und sozialwissenschaftliche Begründung der aktuell diskutierten Bewertungsverfahren herangezogen werden.
- Die Möglichkeit und der Nutzen produktbezogener Bewertungs- und Zertifizierungsverfahren wird kontrovers diskutiert. Unabhängig davon lassen sich gute Gründe für ein anwendungsbezogenes Herangehen finden: Viele Aspekte der tatsächlichen Wirkung und Wirksamkeit von Gestaltungsvarianten technischer Systeme lassen sich erst im soziotechnischen Nutzungskontext (gut) bewerten; weiterhin können solche Verfahren viele Anwenderunternehmen bei der sozialpartnerschaftlichen Einführung algorithmischer bzw. KI-basierter Systeme auf einer objektivierbaren Basis unterstützen.

Als nächste Schritte sollten

- Prototypen soziotechnischer Bewertungsverfahren für algorithmische bzw. KI-basierte Systeme im Nutzungskontext auf der Basis vorhandener theoretischer und methodischer Grundlagen, wie in diesem Beitrag umrissen, ausgearbeitet und mit operationalisierten, mess- bzw. beobachtbaren Kriterien unterlegt,
- Geschäftsmodelle für solche Verfahren entwickelt und
- Möglichkeiten und Nutzenpotenziale eines weiteren Ausbaus bis hin zu Zertifizierungsverfahren eruiert werden.
- Im Zuge dieser weiteren Entwicklung müssen die Verfahren iterativ in realen Anwendungsfällen getestet und weiterentwickelt werden.

Literatur

AI HLEG: High-level expert group on artificial intelligence: the assessment list for trustworthy artificial intelligence (ALTAI). https://digital-strategy.ec.europa.eu/en/library/assessment-list-trustworthy-artificial-intelligence-altai-self-assessment (2020). Zugegriffen: 21. Juli 2021.

Couture, S., Toupin, S.: What does the notion of 'sovereignty' mean when referring to the digital? New Media Soc. **21**(10), 2305–2322 (2019)

Cremers, A.B., Englander, A., Gabriel, M., Hecker, D., Mock M., Poretschkin, M., Julia Rosenzweig, J., Rostalski, F., Volmer, J., Voosholz, J., Voss, A., Wrobel, S.: Vertrauenswürdiger Einsatz von Künstlicher Intelligenz – Handlungsfelder aus philosophischer, ethischer, rechtlicher und technologischer Sicht als Grundlage für eine Zertifizierung von Künstlicher Intelligenz. Fraunhofer-Institut für Intelligente Analyse- und Informationssysteme IAIS. https://www.iais.fraunhofer.de/content/dam/iais/KINRW/Whitepaper_KI-Zertifizierung.pdf (2019). Zugegriffen: 7. Aug. 2021

DIN/DKE: Deutsches Institut für Normung, Deutsche Kommission für Elektrotechnik. Deutsche Normungsroadmap Künstliche Intelligenz, Berlin. https://www.din.de/resource/ blob/772438/6b5ac6680543eff9fe372603514be3e6/normungsroadmap-ki-data.pdf (2020). Zugegriffen: 7. Aug. 2021

Fraunhofer IAIS (Hrsg.): Leitfaden zur Gestaltung vertrauenswürdiger Künstlicher Intelligenz. https://www.iais.fraunhofer.de/content/dam/iais/fb/Kuenstliche_intelligenz/ki-pruefkatalog/202107_KI-Pruefkatalog.pdf (2021). Zugegriffen: 8. Aug. 2021

Hacker, W.: Software-Ergonomie; Gestalten Rechnergestützter Geistiger Arbeit?! In: Schönpflug, W., Wittstock, M. (Hrsg.) Software-Ergonomie '87 Nützen Informationssysteme dem Benutzer? Berichte des German Chapter of the ACM. Vieweg+Teubner, Wiesbaden (1987)

Hacker, W.: Allgemeine Arbeitspsychologie, 2., vollständig überarbeitete und ergänzte Aufl. Huber, Bern (2005)

Hacker, W.: Psychische Regulation von Arbeitstätigkeiten. In: Kleinbeck, U., Schmidt, K.-H. (Hrsg.) Arbeitspsychologie. Hogrefe, Göttingen (2010)

Hacker, W., Richter, P.: Psychische Regulation von Arbeitstätigkeiten – ein Konzept in Entwicklung. In: Frei, F., Udris, I. (Hrsg.) Das Bild der Arbeit. Huber, Bern (1990)

Hartmann, E.A.: Digitale Souveränität in der Wirtschaft – Gegenstandsbereiche, Konzepte und Merkmale. In: Hartmann, E.A. (Hrsg.) Digitalisierung souverän gestalten. Springer Vieweg, Wiesbaden (2020)

Jenderny, S., Foullois, M., Kato-Beiderwieden, A.-L., Bansmann, M., Wöste, L., Lamß, J., Maier, G. W., Röcker, C.: Development of an instrument for the assessment of scenarios of work 4.0 based on socio-technical criteria. In: PETRA '18: Proceedings of the 11th PErvasive Technologies Related to Assistive Environments. Conference June 2018 (2018)

Karasek, R.: Control in the workplace and its health-related aspects. In: Sauter, S.L., Hurrell, J.J., Cooper, C.L. (Hrsg.) Job Control and Worker Health, S. 129–160. Wiley, Chichester (1989)

Lim, Y., Giacomin, J., Nickpour, F.: What is psychosocially inclusive design? A definition with constructs. Des. J. 24(1), 5–28 (2021)

Lüdtke, A.: Wege aus der Ironie in Richtung ernsthafter Automatisierung. In: Botthof, A., Hartmann, E.A. (Hrsg.) Zukunft der Arbeit in Industrie 4.0. Springer Vieweg, Heidelberg (2015)

Mangelsdorf, A., Gabriel, P., Weimer, M.: Die Zertifizierung von KI: Mehr Sicherheit für alle – oder unnötiger Ballast? iit-perspektive. https://www.iit-berlin.de/publikation/die-zertifizierung-von-ki-mehr-sicherheit-fuer-alle-oder-unnoetiger-ballast/ (2021). Zugegriffen: 29. Juli 2021

Mueller, S.T., Hoffman R.R., Clancey, W., Emrey, A., Klein, G.: Explanation in human-AI systems: a literature meta-review, synopsis of key ideas and publications, and bibliography for explainable AI. https://arxiv.org/ftp/arxiv/papers/1902/1902.01876.pdf (2019)

Oesterreich, R.: Handlungsregulation und Kontrolle. Urban & Schwarzenberg, München (1981)

Oesterreich, R.: Zur Analyse von Planungs- und Denkprozessen in der industriellen Produktion – Das Arbeitsanalyseinstrument VERA. Diagnostica 30(3), 216–234 (1984)

Osterloh, M.: Handlungsspielräume und Informationsverarbeitung. Huber, Bern (1983)

Strohm, O., Ulich, E.: Unternehmen arbeitspsychologisch bewerten. Ein Mehr-Ebenen-Ansatz unter besonderer Berücksichtigung von Mensch, Technik, Organisation. vdf, Zürich (1997)

Stubbe, J.: Von digitaler zu soziodigitaler Souveränität. In: Wittpahl, V. (Hrsg.) Digitale Souveränität. Bürger, Unternehmen, Staat. Springer Vieweg Open, Berlin (2017)

Trist, E.L., Bamforth, K.W.: Some social and psychological consequences of the longwall method of coal-getting: an examination of the psychological situation and defences of a work group in relation to the social structure and technological content of the work system. Hum. Relat. 4, 3–38 (1951)

Ulich, E.: Arbeitssysteme als soziotechnische Systeme – Eine Erinnerung. J. Psychol. Alltagshandelns **6**(1), 4–12 (2013)

Vicente, K.J., Rasmussen, J.: Ecological interface design: theoretical foundations. IEEE Trans. Syst. Man Cybern. **22**(4), 589–606 (1992)

Digital souveräne Gestaltung von Services – ein marktfähiger Mehrwert?

Claudia Lehmann[1]([✉])(ID) und Luca Dörr[2](ID)

[1] HHL Leipzig Graduate School of Management, LF Gruppe Lehrstuhl für Digitale Innovation in Dienstleistungsbranchen, Jahnallee 59, 04109 Leipzig, Deutschland
claudia.lehmann@hhl.de

[2] HHL Leipzig Graduate School of Management, Center for Leading Innovation & Cooperation (CLIC), Jahnallee 59, 04109 Leipzig, Deutschland
luca.doerr@hhl.de

Zusammenfassung. Viele kleine und mittelständische Unternehmen (KMU) befinden sich in einem Transformationsprozess, der die von ihnen angebotenen Dienstleistungen und Produkte genauso verändert wie ihre Geschäftsprozesse und Organisationsstrukturen. Die Wertschöpfung einzelner Unternehmen verändert sich zur Wert Co-Creation innerhalb eines Produktionsnetzwerkes. Hierbei spielt die Generierung sowie der Austausch von Daten über den gesamten Produktlebenszyklus eine Schlüsselrolle. Diese ermöglichen die Zusammenarbeit, um mittels Datenanalysen geeignete Dienstleistungen für Endkunden anzubieten. Zur Realisierung einer umfassenden digitalen Wertschöpfungskette ist ein Umdenken von Unternehmen und deren Mitarbeitenden in vernetzten Dienstleistungssystemen notwendig. Dies ist in vielen Fällen nicht so einfach umsetzbar, da Dienstleistungssysteme und deren Entwicklung durch eine hohe Komplexität gekennzeichnet sind. Der nachstehende Artikel zeigt auf, welchen Herausforderungen und Chancen KMU im Transformationsprozess gegenüberstehen und wie insbesondere der Einbezug der Aspekte digitaler Souveränität dazu beitragen kann, verschiedenste Stakeholder und Ressourcen kollaborativ auf ein gemeinsames Wertversprechen zu bündeln und nutzerzentrierte Dienstleistungssysteme zu entwickeln. Souveränität wird in diesem Kontext als die Eigenschaft verstanden, sich selbstständig über relevante Technologien sowie neue technische Möglichkeiten zu informieren, um darauf aufbauend zwischen mehreren Optionen das passende und nutzenstiftenden Angebot auszuwählen, sodass die Fragen „Was bedeutet Digitalisierung für mein Unternehmen und wie setze ich den strategischen Kurs?" beantwortet werden können.

Schlüsselwörter: Kleine und mittelständige Unternehmen (KMU) · Digitale Souveränität · Dienstleistungssysteme

1 Einleitung

Digitale Technologien und darauf aufbauende Services dominieren das gegenwärtige Marktgeschehen innerhalb der Industrie. Konzepte wie Predictive Maintenance oder smarte Fabriken lassen deutlich werden, dass künftig ein Wandel der Geschäftsmodelle

© Der/die Autor(en) 2022
E. A. Hartmann (Hrsg.): *Digitalisierung souverän gestalten II*, S. 14–24, 2022.
https://doi.org/10.1007/978-3-662-64408-9_2

innerhalb der Branche stattfinden wird. Die Wertschöpfung einzelner Unternehmen verändert sich zum Wert Co-Creation innerhalb eines Produktionsnetzwerkes (Nenonen und Storbacka 2010). Hierbei spielen die Generierung sowie der Austausch von Daten über den gesamten Produktlebenszyklus eine Schlüsselrolle. Diese ermöglichen die Zusammenarbeit, um mittels Datenanalysen geeignete Services für den Endkunden anzubieten (Klostermeier et al. 2019). Die Geschäftsmodelle verändern sich vom reinen Verkauf eines Produktes hin zu einer engen Verzahnung aus Produkt und Services am Produkt und für den Kunden. Diese werden durch Technologien wie Big Data, Künstliche Intelligenz und das Internet der Dinge ermöglicht. Fachexpert:innen und Führungskräfte müssen souverän entscheiden können, welche Technologien und Konzepte für die nachhaltige Entwicklung der Unternehmen relevant sind und wie diese ausgestaltet werden können.

Souveränität wird in diesem Kontext als die Eigenschaft verstanden, sich selbstständig über relevante Technologien sowie neue technische Möglichkeiten zu informieren, um darauf aufbauend zwischen mehreren Optionen das passende und nutzenstiftende Angebot auszuwählen, sodass die Fragen „Was bedeutet Digitalisierung für mein Unternehmen und wie setze ich den strategischen Kurs?" beantwortet werden können (Pentenrieder et al. 2021; Biallas / Alan 2020).

Besonders für kleine und mittelständische Unternehmen[1] (KMU) stellt dies, aufgrund unzureichender Kapazitäten und begrenzter Ressourcen, eine besondere Herausforderung dar (Li et al. 2018). Daher stellt sich besonders für diese Art von Unternehmen die Frage, wie Services basierend auf der digitalen Transformation ausgestaltet werden können und welche Relevanz hierbei der digitalen Souveränität zukommt.

Im folgenden Beitrag wird daher zunächst auf die gegenwärtigen Herausforderungen und der Digitalisierung hinsichtlich der Ausgestaltung von Services für KMU eingegangen, um darauf aufbauend Handlungsmöglichkeiten für die Unternehmen zu identifizieren, sodass eine Transformation stattfinden kann. Diese werden unter Berücksichtigung der Relevanz der digitalen Souveränität bewertet. Zu beachten ist, dass hinsichtlich der Bewertung sowohl die Perspektive der Kunden als auch die Perspektive der Unternehmen innerhalb der Wertschöpfung eingenommen werden muss.

2 Digitalisierung in KMU

2.1 Herausforderungen und Chancen der Digitalisierung

Basierend auf Experteninterviews sowie Literaturrecherchen wurden durch die Autorinnen Herausforderungen und Chancen der Digitalisierung in kleinen und mittelständigen Unternehmen, ansässig in Deutschland, identifiziert. Diese werden in

---

[1] Nach Einordnung der EU-Empfehlung 2003/361: Unternehmen mit weniger als 250 Beschäftigten und einem maximalen Jahresumsatz von 50 Mio. EUR bzw. einer Bilanzsumme von höchstens 43 Mio. EUR.

der folgenden Tab. 1 anhand des Ansatzes Mensch – Technik – Organisation (MTO) strukturiert (Strohm & Ulich 1997).

Tab. 1. Übersicht der Chancen und Herausforderungen der Digitalisierung von kleinen und mittelständigen Unternehmen

		Chance	Herausforderung
Mensch	Fachkräfte	Kompetenzentwicklung der vorhandenen Mitarbeitenden	Mangel an Fachkräften innerhalb der KMUs
	Generationen	Diversität fördert den Perspektivenwechsel	Verschiedene Bedürfnisse und Anforderungen an die Arbeitswelt
Technik	Datenaustausch	Schaffung von Transparenz	Speicherung in Silos verhindern Zugriff
	Prozesse	Strukturierung der Prozesse	Fehlende Transparenz hinsichtlich der Abläufe
Organisation	Definition & Umsetzung der Digitalisierungsstrategie	Klare Kommunikation der Strategie durch Führungsebene	Fehlendes Commitment der Mitarbeitenden
		Inklusion/Einbindung der Mitarbeiter in den Strategieentwicklung/-prozess	Fehlende Ressourcen und Kapazitäten
	Finanzierung	Diverse öffentliche Fördermöglichkeiten	Fehlendes Kapital

Mensch

Bei der Betrachtung der Dimension Mensch ist zu berücksichtigen, dass die „Digitale Souveränität" per Definition unter anderem auf Individuen innerhalb des Unternehmens als auch auf das Unternehmen als Institution bezogen werden kann (Wittpahl 2017).

Hinsichtlich der Digitalisierung stehen die Unternehmen vor der Herausforderung der digitalen Kompetenzentwicklung ihrer Mitarbeitenden, also diese zu befähigen souverän digitale Entscheidungen treffen können. Eine weitere Hürde stellt der Mangel an geeignetem Personal dar. Ursachen hierfür können eine fehlende oder unzureichende Weiterbildung des vorhandenen Personals sein oder schlicht fehlendes Personal im Unternehmen, wodurch die Umsetzung von Digitalisierungsvorhaben verlangsamt und erschwert werden.

Aktuell sind in den meisten Unternehmen drei Generationen sowie deren Wertevorstellungen hinsichtlich der Arbeit, Vernetzung und Digitalisierung vertreten. In vielen Fällen führen unterschiedliche Bedürfnisse hinsichtlich des Arbeitsverhältnisses und der Zusammenarbeit zu Schwierigkeiten. Um Fach- und Führungskräfte zu binden und sich im Wettbewerb um diese behaupten zu können, müssen die Unternehmen auf deren Anforderungen eingehen (Immerschitt / Stumpf 2019).

Technik

Die Datenmenge in Unternehmen steigt stetig an. Gleichzeitig müssen in kürzer werdenden Zyklen strategische Entscheidungen getroffen werden. Die künftigen strategischen Entscheidungen richten sich danach, Produkte, Prozesse oder Geschäftsmodelle zu digitalisieren. Hierbei können Daten durch deren Auswertung (Data Analytics) und deren großer Menge (Big Data) Transparenz schaffen und die Entscheidungen unterstützen (Hunke et al. 2019). Jedoch sind in mittelständischen Unternehmen die Anwendungssysteme zur Datengewinnung und Analyse nicht durchgehend verbreitet. Daraus resultiert, dass die Datenqualität über die Prozessschritte hinweg variiert (Becker et al. 2016). Digitalisierte Geschäftsprozesse sind die Grundlage dafür. Jedoch führen unter anderem die Abwesenheit einer adäquaten IT-Infrastruktur sowie der dazugehörigen Expertise, fehlendes funktionsübergreifendes Prozessverständnis und mangelnde strategische Klarheit dazu, dass die Implementierung digitalisierter Prozesse sowie des dazugehörigen Managements erschwert werden (Botzkowski 2018).

Dies birgt Herausforderungen für die bereichsübergreifende Zusammenarbeit innerhalb der Unternehmensorganisation. Die Daten sind, wenn sie gesammelt werden, in dezentralen Silos gespeichert, welche den Zugriff für alle Mitarbeitenden verhindern (Hunke et al. 2019). Der Austausch sowie die Zusammenarbeit werden wegen unterschiedlicher IT-Standards sowie IT-Techniken, aber auch wegen des Silo-Denkens innerhalb von Organisationseinheiten erschwert (Stahl / Staab 2017). Im Gegensatz zur weitläufigen Meinung, dass viele Daten bereits zur Verarbeitung und Analyse zur Verfügung stehen, ist es essenziell, diese hinsichtlich ihrer Qualität zu prüfen, sodass Vollständigkeit, Fehlerfreiheit, Konsistenz sowie Aktualität gewährleistet sind. Denn falsche und unvollständige Daten haben einen direkten Einfluss auf die Ergebnisse der Analysen (Franz / Bonnmann 2020; Heinrich / Klier 2021).

Besonders hinsichtlich der Nutzung von Daten des Kunden, welche beispielsweise von der Sensorik einer Maschine erfasst und gespeichert werden, forcieren die Unternehmen mehrere Handlungsfelder, welche eine Herausforderung darstellen. Neben der Thematik des Datenschutzes sind sowohl der Besitz als auch der Wert der Daten zu definieren. Außerdem sind Datenspeicherkonzepte zu erarbeiten, welche die Nutzungskonzepte sowie nutzerspezifische Zugriffe enthalten (Kölsch et al. 2019).

Eine Chance, die sich in diesem Zusammenhang klar bietet, ist es, die Anforderungen des Kunden besser erfüllen zu können als die Marktbegleiter – und hierzu gehören bessere Qualität, Verfügbarkeit, Kosteneffizienz und Produktivität. Beispielsweise über einheitliche Schnittstellen könnte ein Schritt in die Richtung gegangen werden, den Datenschatz zu bergen und gewinnbringend für die eigenen Dienstleitungen zu nutzen. Die Frage, wie sich in diesem Zusammenhang die OPC Unified Architecture (OPC UA) weiter im Maschinenbau als Rahmen für Interoperabilität und durch eine grundsätzlich offene Schnittstellenarchitektur entwickelt, bleibt zu beantworten.

Organisation

Eine besondere Herausforderung für KMU stellen die Identifikation von Digitalisierungspotenzialen sowie darauf aufbauend die Ausgestaltung und Umsetzung einer Digitalisierungsstrategie dar (Bosse et al. 2019). Besonders bei der Umsetzung einer solchen Strategie stehen viele KMU vor der Frage, wie die Transformation der Bereiche Mensch und Technik angegangen werden kann und soll. Hierbei sind besonders die weichen Faktoren, wie das Commitment der Mitarbeitenden und besonders der Führungskräfte, für den Erfolg ausschlaggebend. Dies wird ermöglicht, wenn die Betroffenen von Beginn an, also schon wenn es um die Ausarbeitung einer Strategie geht, in die Transformationsprozesse eingebunden dabei deren Einwendungen und Alternativen angehört und adaptiert werden. Ebenso ist es unerlässlich, dass Führungskräfte Ideen vorleben und in ihre Teams hineintragen (Brehm et al. 2015).

Wie in vielen der durch die Autorinnen begleiteten Projekte zu sehen ist. wird der Fokus häufig auf die technische Umsetzung gelegt. Hierbei werden als Hürden begrenzte Kapazitäten und Ressourcen identifiziert. Weiterhin muss das aktuelle Kerngeschäft der Unternehmen weiter erfolgreich betrieben werden, da dieses die Finanzierung des Unternehmens sicherstellt. So bleibt häufig keine Kapazität, um von der Strategieplanung in die Umsetzung, ins Doing, zu kommen. Neben der Klärung der Kapazitätsfrage benötigen KMU eine adäquate und ausreichende Versorgung mit Finanzmitteln, um (Digitalisierungs-)Projekte erfolgreich umsetzen zu können (Karcher 2018). Diese Projekte gehen während der Planung und Umsetzung mit hohen Investitionen und Kosten einher. Hier ist es Unternehmen anzuraten, sich mit den vorhandenen Förderprogrammen auseinanderzusetzen, da es sowohl auf Bundes- als auch auf Landesebene zahlreiche Förderprogramme gibt, welche KMU dabei unterstützen, Investitionskosten zu stemmen. Das Ziel ist es, die Unternehmen flexibel, unabhängig und wachstumsorientiert auszurichten. Daher gilt es, differenzierte Finanzierungslösungen zu betrachten, die von der gewöhnlichen Finanzierung über die Hausbank abweichen. Um diese bewerten zu können, sollten Führungskräfte der KMU mit den nötigen Kompetenzen und Qualifikationen ausgestattet sein oder externe Beratung in Anspruch nehmen (Dimler et al. 2018).

Bezogen auf die Organisation wird unter digitalen Geschäftsmodellen meist eine Kombination aus digitalen (Geschäfts-)Prozessen und der digitalen Beziehung zu Stakeholdern verstanden. Die digitalen Beziehungen sind in vielen KMUs bereits vorhanden, jedoch sind digitale Prozesse bisher selten realisiert worden, was meist an deren fehlender Standardisierung liegen kann. Des Weiteren haben die mittelständischen Unternehmen die Relevanz von digitalen Geschäftsmodellen erkannt, jedoch scheitert es an der Auswahl der geeigneten Digitalisierungsalternativen sowie deren Umsetzung. Am häufigsten werden bestehende Geschäftsmodellelemente teilweise digitalisiert. Sehr selten erfolgt eine totale Transformation bzw. eine vollständige Digitalisierung der Geschäftsmodellelemente (Botzkowski 2018).

Bei der Betrachtung der Herausforderungen und Chancen wird deutlich, dass die Dimensionen nicht isoliert voneinander betrachtet werden können und dürfen, sondern in Abhängigkeit zueinanderstehen. Dies ist bei den Transformationen zu berücksichtigen, auf welche im folgenden Kapitel eingegangen wird.

2.2   Lösungsansätze

Eine Studie des Alexander von Humboldt Instituts für Internet und Gesellschaft und Sirius Minds (2019) war Fallbeispielen von Digitalisierungsprojekten gewidmet – mit dem Ziel, Erfolgsfaktoren zu identifizieren. Hierbei wird deutlich, dass Projekte erfolgreich sind, wenn sowohl harte als auch weiche Faktoren berücksichtigt werden.

Hinsichtlich der harten Faktoren ist es wichtig, dass eine solide Finanzierung sichergestellt wird. Um neue Methoden zu adaptieren oder einen unvoreingenommenen Blick hinsichtlich des Zustandes zu erhalten, ist es empfehlenswert, dass die Unternehmensgrenzen geöffnet werden, bspw. über Kooperationen mit Start-ups und Universitäten. Diese bieten ebenso die Möglichkeit, technische Herausforderungen wie das Datenmanagement zu lösen. Des Weiteren sind zeitliche Verzögerungen in diesen Projekten sehr zahlreich, sodass es wichtig ist, diese bei der Planung schon berücksichtigen und auch zu akzeptieren (Alexander von Humboldt Institut für Internet und Gesellschaft 2019). Es ist daher ratsam, ein schrittweises Vorgehen aufgrund der begrenzten Ressourcen zu verfolgen. Durch diesen Ansatz können in den Digitalisierungsteams sogenannte Quickwins generiert werden, und die Motivation, die Projekte über einen langen Zeitraum zu verfolgen und zu treiben, ist deutlich höher (Botzkowski 2018).

Dies leitet direkt zu den weichen Faktoren über. Wie bereits beschrieben, erfordert Digitalisierung Durchhaltevermögen und Mut. Meist sind die Projekte in viele kleine Arbeitspakete und Schritte unterteilt, welche je nach dem bisherigen Grad der Digitalisierung im Unternehmen langwierig sind und große Veränderungen mit sich bringen. Daher erfordert jedes Projekt einen gewissen Grad an Veränderungsfähigkeit und -bereitschaft (Alexander von Humboldt Institut für Internet und Gesellschaft 2019). Dies muss vom Management eingefordert, aber auch gefördert werden, sodass gemeinsam der Wandel mit den Mitarbeitenden vorangetrieben werden kann. Dabei sollen diese frühzeitig in die Projekte einbezogen werden. Der Wandlungserfolg einer Unternehmung ist dabei abhängig von den individuellen Fähigkeiten (der Wandlungsfähigkeit) und den Einstellungen der Mitarbeitenden (der Wandlungsbereitschaft), ebenso wie von Rahmenbedingungen, welche die Änderungen unterstützen, wie die Unternehmenskultur (Ziegengeist et al. 2014). Essenziell hierbei ist es, eine Vision oder ein Leitbild hinsichtlich der digitalen Transformation zu schaffen. Das „Warum" für die notwendigen Maßnahmen muss erläutert werden (Knorr 2020). Es braucht es eine transformationsfördernde Kultur und diese besteht aus Einstellungen, Normen, Werten und Verhaltensmustern, welche sich nicht über Nacht ändern lassen. Es bedarf eines erheblichen Aufwands und das Commitment der Führungs- und Leitungsebene (Tab. 2).

Tab. 2. Harte und weiche Faktoren für erfolgreiche Digitalisierungsprojekte

Harte Faktoren	Weiche Faktoren
Sicherstellen einer soliden Finanzierung	Mut und Durchhaltevermögen
Zusammenarbeit mit Start-ups forcieren als Entwicklungspartner zur Adaption von Methoden oder als Corporate Start-ups	Veränderungsfähigkeit und -bereitschaft fordern und fördern
Zeitliche Verzögerungen berücksichtigen, einplanen und akzeptieren	Mitarbeiter frühzeitig in Projekte einbeziehen und gemeinsam den Wandel vorantreiben
Schrittweises Vorgehen zur Generierung von Quickwins	Schaffung einer klaren Vision zur digitalen Transformation
Kooperation mit anderen Unternehmen und Universitäten, um kollektive Frühwarnsysteme für Cyberrisiko zu schaffen	Klare interne Kommunikation und eine transformationsfördernde Kultur

Hinsichtlich der digitalen Transformation von Geschäftsmodellen empfiehlt die aktuelle betriebswirtschaftliche Literatur, das Vorgehen anhand einer Roadmap zu strukturieren. Mehrere Autoren zeigen unterschiedliche Vorgehensmodelle auf. Grundsätzlich wird deutlich, dass zuerst eine Analyse der gegenwärtigen Situation innerhalb des Unternehmens, am Markt sowie der Stakeholder einhergehend mit dem vorhandenen Geschäftsmodell durchgeführt wird. Anschließend erfolgt die Definition der Vision sowie der Ziele, welche mittels der Transformation erreicht werden sollen. Diese werden von den Anforderungen des Marktes sowie der Stakeholder beeinflusst. Ebenso sind in diesem Schritt die im Unternehmen vorhandenen Ressourcen und Fähigkeiten zu berücksichtigen. Daraufhin erfolgt die Umsetzung der definierten Maßnahmen. Hierbei ist ein Change-Management, welches alle Beteiligten der Transformation berücksichtigt, unerlässlich. Der gesamte Prozess sollte von einer Wirtschaftlichkeitsanalyse begleitet werden, welche die prognostizierten Kosten sowie den Nutzen mit den tatsächlich auftretenden abgleicht und bei Abweichungen Gegenmaßnahmen einleitet (Botzkowski 2018).[2]

3 Digitale Souveränität und die Ausgestaltung von Dienstleistungen

Es ist keine Frage mehr, dass digitale Technologien neben dem wirtschaftlichen in immer mehr Bereichen des privaten und auch öffentlichen Lebens Einzug halten. Wie Abschn. 1 und 2 dieses Beitrages zeigen, reicht es nicht aus, nur technisch Anschluss an die digitale Entwicklung zu halten. Innerhalb der Unternehmen geht es um die Frage, wie ein Wandel der Kultur herbeigeführt und gelebt werden kann. In diesem Zusammenhang geht es in vielen Diskussionen nicht um digitales Know-how, sondern auch um digitale Souveränität. Leider gibt es in der Literatur bisher keine feste Definition des Begriffes digitale Souveränität. Es werden meistens zwei Aspekte mit dem Begriff verbunden: Einerseits umfasst er die selbstbestimmte Nutzung digitaler Technologien, etwa durch die Unabhängigkeit von Herstellern und der Wahrung der Rechte an eigenen Daten, und andererseits der kompetente und sichere Umgang mit digitalen Technologien.

Hierbei ist es sehr interessant, dass sich beide Aspekte sowohl auf Individuen als auch auf Unternehmen beziehen lassen. Bei Betrachtung der KMU wird schnell klar, dass diese durch Ihre Innovationsstärke und die Begabung, die Kunden zu kennen, gekennzeichnet sind. Damit sind die besten Voraussetzungen für ein Alleinstellungsmerkmal im Mittelstand gegeben, nämlich frühzeitig zur erkennen, welche Bedürfnisse es bei den Kunden und am Markt gibt.

Zur Befriedigung dieser Bedürfnisse müssen KMU allerdings befähigt werden, solide Entscheidungen zu treffen, um frühzeitig den Markt bedienen zu können. In vielen Interviews konnte herauskristallisiert werden, dass es Unternehmen sehr wichtig ist, das geistige Eigentum bestmöglich zu bewahren, um damit möglichst unabhängig zu bleiben. Dies führt häufig zu einer Abschirmung der IT und zur Entwicklung „hauseigener" Lösungen. Diese sind oft maßgeschneidert und auf die individuellen Bedürfnisse

---

[2] Dieses Vorgehen nach Botzkowski basiert auf der Analyse von fünf verschiedenen Vorgehensmodellen der digitalen Transformation.

der einzelnen Unternehmen zugeschnitten, verursachen jedoch meist hohe monetäre und zeitliche Entwicklungskosten. Wie in Abschn. 2.1 bereits angesprochen, führen diese Insellösungen dazu, dass Daten, Informationen und Ergebnisse im Sinne eines gewinnbringenden Ökosystems nicht oder nur mit hohem Aufwand ausgetauscht werden können. Die Frage, wie Innovationen im Bereich der Dienstleitungen vorangetrieben werden können und wie „digital souverän" mit digitalen Technologien gestaltet, wird in den nächsten Jahren wahrscheinlich durch die europäische Daten Cloud Initiative GAIA-X beeinflusst werden. Je nach Verbreitung dieser Initiative verspricht sie den Datenaustausch über Unternehmensgrenzen hinweg bei gleichzeitig gewährleisteter Souveränität der teilnehmenden Unternehmen. KMU können von der Entwicklung dieser digitalen Strukturen profitieren und beispielsweise mit eigenen oder im Ökosystem gesammelten Daten handeln oder neue Dienstleistungen und Services kreieren. Digitalen Souveränität schafft Klarheit, was wiederum die Entscheidungsqualität hinsichtlich der digitalen Transformation verbessert. Dies kann wie ein Zyklus angesehen werden, wie Abb. 1 illustriert. Wie in Abschn. 2 aufgezeigt, können die Herausforderungen adressiert und mittels der Lösungsansätze aufgebrochen werden. Generell ist ein Umdenken von einer rein digitalen Wertschöpfungskette hin zu vernetzten Dienstleistungssystemen essentiell.

Abb. 1. Zyklus der Digitalen Souveränität

Die Idee, intelligente Dienstleistungen auf Basis von Vernetzung zu schaffen, ist kein neuer Gedanke; dazu existieren unzählige Use Cases. Es geht nun vielmehr darum, Klarheit in der Ausgestaltung zu schaffen und KMU zu befähigen kunden- und nutzerzentriert Mehrwerte zu schaffen und Dienstleistungssysteme zu etablieren. Basierend auf der Klarheit der Ausgestaltung können bessere und zielgerichtetere Entscheidungen getroffen werden. Es gilt beispielsweise zu entscheiden, auf welchen Daten Dienstleistungen entwickelt werden, welche Daten durch Kooperation mit weiteren Unternehmen eingebracht und/oder generiert werden. Denn ausschließlich basierend auf den eigenen Kundendaten Dienstleistungen aufzubauen, ergibt oft keinen Sinn. Vor allem wenn Künstliche Intelligenz in Spiel ist, denn wenn diese Daten nicht mehr zur Verfügung stehen, ist das Geschäftsmodell obsolet. Das nach-stehende kurze Predictive-Maintenance-Beispiel soll als Exkurs zur Darstellung des Wandels vom reinen Verkauf eines Produktes hin zum Verkauf von hybriden Leistungsbündeln dienen.

Exkurs Predicitve Maintenance
Aus der zielgerichteten Auswertung von Sensordaten im Maschinen- und Anlagen-bau ergeben sich neue Chancen zur Entwicklung von Geschäftsmodellen. Diese beinhalten digitale Services, welche in Kombination mit den Produkten vermarktet werden. Lag bisher der Fokus auf dem Verkauf einer Maschine an Kunden, können mittels der Daten Services für die Maschine angeboten werden. Ein Beispiel hierfür ist Predictive Maintenance, auch „vorausschauende Wartung" genannt (Gluckowski et al. 2019). Im Gegensatz zu den bisherigen zyklischen und periodenabhängigen Wartungsintervallen werden proaktiv Maßnahmen basierend auf dem gegen-wärtigen Zustand der Maschine eingeleitet. Diese basieren auf den von der Sensorik gesammelten Daten, welche zeitnah ausgewertet werden. Für die Maschinen- und Anlagenbetreiber ergibt sich ein verbesserter Einsatz von Ressourcen sowie daraus resultierend eine Kostenersparnis, da unvorhergesehene Stillstände meist vermieden und notwendige Instandhaltungstätigkeiten besser geplant werden können (Bink / Zschech 2018).

Diese Wartungsstrategie können die Maschinenbauer in ihre Geschäftsmodelle integrieren. Grundlage hierfür ist ein sicherer Datenaustausch der Beteiligten (End-anwender und Maschinenbauer). Ebenso ist es notwendig, die gesammelten Daten intelligent zu verknüpfen, sodass anhand dieser der Zustand der Maschine bewertet werden kann. Beispielsweise ist eine reine Temperaturangabe nicht ausreichend. Diese muss mit einer Semantik versehen werden, um diese interpretieren und aus-werten zu können, und um drauf aufbauend eine Entscheidung zu treffen und gegebenenfalls Maßnahmen einzuleiten (Born 2018).

4   Ausblick

Der Erfolg kleiner und mittelständischer Unternehmen im globalen Wettbewerb hat in der Vergangenheit seine Basis primär in der konstruktionsbezogenen Innovations-kraft und der Qualität seiner Produkte. In vielen Unternehmen wird dieser Bereich weiterhin eine essenzielle Rolle spielen, aber vor dem Hintergrund sinkender Margen im Neumaschinengeschäft gibt es hier dringenden Handlungsbedarf, neue innovative und skalierbare Wertschöpfungsströme zu identifizieren. Künftig entscheiden sehr wahrscheinlich nutzerzentrierte Geschäftsmodelle um intelligente Dienstleistungen und Produkte, welche in intelligenten Netzen entwickelt und organisiert werden, über den Erfolg auf dem Weltmarkt. Die Befähigung, als KMU die ganzheitliche Transformation zu vollziehen – mit allen menschlichen, technischen und organisatorischen Elementen –, wird entscheidend im digitalen Wettrennen sein. In diesem Zusammenhang spielt die digitale Souveränität eine essenzielle Rolle und ist von maßgeblicher Bedeutung. Konkret heißt dies: Es müssen neue digitale Infrastrukturen – Cloudanbieter und Dienstleistungsplattformen – etabliert und durch deutsche und europäische KMU benutzt und als Standard gesetzt werden. Genauso bedeutet digitale Souveränität aber auch, Führungskräfte und Mitarbeitende in digitalen Fertigkeiten zu schulen und weiterzuentwickeln. Organisationen sollten unternehmensübergreifend an Dienstleistungssystemen arbeiten, um den Gedanken des Ökosystems in die Wirklichkeit zu überführen.

Literatur

Alexander von Humboldt Institut für Internet und Gesellschaft (Hrsg.): Digitale Innovationen im Mittelstand. Fallbeispiele erfolgreicher Digitalisierungsprojekte (2019)

Becker, W., et al.: Data Analytics im Mittelstand. Springer Fachmedien, Wiesbaden (2016)

Biallas, S., Alan, Y.: Die „Digital Roadmap" als Wegweiser durch den Dschungel der Digitalen Transformation. In: Fortmann, H.R. (Hrsg.) Digitalisierung im Mittelstand. Trends, Impulse und Herausforderungen der digitalen Transformation. Springer Fachmedien, Wiesbaden (2020)

Bink, R., Zschech, P.: Predictive Maintenance in der industriellen Praxis. Entwicklung eines Prognoseansatzes unter eingeschränkter Informationslage. HMD Praxis der Wirtschaftsinformatik **55**, 552–565 (2018)

Born, H.J.: Geschäftsmodell-Innovationen im Zeitalter der vierten industriellen Revolution. Springer Fachmedien, Wiesbaden (2018)

Bosse, C.K. et al. (2019): Digitalisierung im Mittelstand erfolgreich gestalten. In: Bosse, C.K., Zink, K.J.: Arbeit 4.0 im Mittelstand. Chancen und Herausforderungen des digitalen Wandels für KMU. Springer Verlag GmbH, Berlin

Botzkowski, T.: Digitale Transformation von Geschäftsmodellen im Mittelstand. Theorie, Empirie und Handlungsempfehlungen. Springer Fachmedien, Wiesbaden (2018)

Brehm, O., et al. (Hrsg.): Industrie 4.0 in KMU- Sind sie fit für die Zukunft?, Steinbeiß Edition. Stuttgart (2015)

Dimler, N., et al.: Trends der Mittelstandfinanzierung. In: Dimler, N., et al. (Hrsg.) Unternehmensfinanzierung im Mittelstand. Springer Fachmedien GmbH, Wiesbaden (2018)

Franz, T., Bonnmann, B.: Auf dem Weg zum datengetriebenen Unternehmen. In: Gruhn, V., von Hayn, A. (Hrsg.) KI verändert die Spielregeln. Hanser, München (2020)

Gluchkowsi, P., et al.: Automatisierung von Geschäftsprozessen im Maschinen- und Anlagenbau – Fallstudie zu Predictive Maintenance. HMD – Praxis der Wirtschaftsinformatik **56,** 986–999 (2019)

Heinrich, B., Klier, M.: Datenqualitätsmetriken für ein ökonomisch orientiertes Qualitätsmanagement. In: Hildebrand, K., et al. (Hrsg.) Daten- und Informationsqualität, 5. Aufl. Springer Fachmedien GmbH, Wiesbaden (2021)

Hunke, F., et al.: Geschäftsmodelle 4.0- Big Data und Data-Analytics als Treiber für Dienst-leistungsinnovationen im deutschen Mittelstand. In: Stich, V., et al. (Hrsg.) Digitale Dienst-leistungsinnovationen. Springer, Berlin (2019)

Immerschitt, W., Stumpf, M.: Employer Branding für KMU. Der Mittelstand als attraktiver Arbeitgeber, 2., überarbeitete Aufl. Springer Fachmedien GmbH, Wiesbaden (2019)

Karcher, F.: Der Mittelstand- Motor der deutschen Wirtschaft – und dessen Finanzierungs-möglichkeiten. In: Dimler, N., et al. (Hrsg.) Unternehmensfinanzierung im Mittelstand. Springer Fachmedien GmbH, Wiesbaden (2018)

Klostermeier, R., et al.: Geschäftsmodelle digitaler Zwillinge. Essentials. Springer Vieweg, Wiesbaden (2019)

Knorr, J.: Digital Mindset zur Steigerung der Wettbewerbfähigkeit von Unternehmen. In: Dahm, M.H., Thode, S. (Hrsg.) Digitale Transformation in der Unternehmenspraxis. Springer Fachmeiden GmbH, Wiesbaden (2020)

Kölsch, P., et al.: Grundlagen zu Produkt-Service Systemen. In: Aurich, J.C., et al. (Hrsg.) Entwicklung datenbasierter Produkt-Service Systeme. Springer, Berlin (2019)

Li, L., et al.: Digital transformation by SME entrepreneurs: a capability perspective. Inf. Syst. J. **28**(6), 1129–1157 (2018)

Nenonen, S., Storbacka, K.: Business model design: conceptualizing networked value co-creation. Int. J. Qual. Serv. Sci. **2**(1), 43–59 (2010)

Pentenrieder, A., et al.: Digitale Souveränität im Trend. Der Werkzeugmaschinenbau als weg-weisendes Modell für die deutsche Wirtschaft. In: Hartmann, E.A. (Hrsg.) Digitalisierung souverän gestalten. Innovative Impulse im Maschinenbau. Springer, Berlin (2021)

Stahl, R., Staab, P.: Die Vermessung des Datenuniversums. Springer, Berlin (2017)

Strohm, O., Ulich, E.: Unternehmen arbeitspsychologisch bewerten. Ein Mehrebenenansatz unter besonderer Berücksichtigung von Mensch, Technik und Organisation. In: Ulich, E. (Hrsg.) Schriftenreihe Mensch, Technik, Organisation, Bd. 10. vdf Hochschulverlag, Zürich (1997)

Wittpahl, V. (Hrsg.): Digitale Souveränität. Bürger, Unternehmen, Staat. Springer Vieweg Open, Berlin (2017)

Ziegengeist, A., et al.: Wandlungsbereitschaft von Mitarbeitern. Z. Führ. Org. (zfo) **83**(6), 421–426 (2014)

Digitalisierung im Werkzeug- und Formenbau als neue Wunderwaffe bei der Herstellung von Produkten!/?/!

Thomas Seul[1]([✉]) und Fabian Diehr[2]

[1] Hochschule Schmalkalden, Schmalkalden, Deutschland
t.seul@hs-sm.de
[2] wortundform GmbH, München, Deutschland

Schlüsselwörter: Werkzeug- und Formenbau · Produktionsprozesse · Digitalisierung

Prozesse verlieren zunehmend ihre Grenzschärfe. Sie überlagern und verzahnen sich – von der Produktidee bis zur Serienfertigung ist die Expertise des Werkzeugmachers gefragt. Digitalisierung und Produktion sind dabei die beherrschenden Themen. Doch gilt es hier, die vielen Worthülsen greifbar zu machen. Gerade für die kleinen Betriebe in Deutschland ist es wichtig, ohne Vorbehalte die ersten Schritte tun zu können. Denn die Umbrüche in unserer Branche machen nicht vor dem 10-Mann-Betrieb halt, auch wenn es diesen bereits in dritter Generation gibt … Wir müssen uns vielmehr der Effizienzforderung und der damit einhergehenden Vernetzung der Fertigungstechnik und der Logistik stellen! Wesentlich dabei ist, stets den Bezug zur Praxis aufzuzeigen. Die Werkzeugmacher-Branche in Deutschland lebt nämlich von den vielen kleinen „Hidden Champions", die „Hands on"-Innovationen schaffen. Doch gerade hier kann Industrie 4.0 und Digitalisierung von Betrieb zu Betrieb ganz anders aussehen. Die einen beginnen mit Insellösungen, um diese sukzessive „aufzubohren", die anderen streben nach der durchgängigen Komplettlösung. Allesamt vereint sie, dass man sich den Herausforderungen der „vierten industriellen Revolution" stellen möchte, um weiterhin Spitzenreiter bei Qualität, Performance und Präzision zu sein.

Fakt ist aber auch, dass sich der Werkzeug- und Formenbau bereits seit Jahrzehnten mit 4.0 beschäftigt – nur wurde es bisher nicht so benannt. Die Digitalisierung zieht sich schon lange auf mehreren Ebenen durch alle Bereiche der Branche. Mehr noch: Die Unternehmen unseres Metiers waren die ersten, die die Digitalisierung ihrer Prozesse vorangetrieben haben: Vor 40 Jahren kamen im Werkzeug- und Formenbau die ersten CAD-/CAM-Systeme zum Einsatz. Die Elektronik veränderte in der Folge schnell die Organisation der Arbeit: Aus einer Fertigung, bei der der einzelne Werkzeugmacher alle Schritte betreute und als Generalist für das gesamte Werkzeug verantwortlich war, entwickelte sich eine arbeitsteilige Struktur, bei der sich der Einzelne auf sein Spezialisierungsfeld in der Herstellung des Werkzeugs fokussiert. Die Durchlaufzeiten von damals haben sich dadurch jedoch nicht zwangsläufig verkürzt, weil die Werkzeuge inzwischen wesentlich komplexer geworden sind. Hinzu kommt eine wesentlich erhöhte Präzision. Denn moderne Werkzeuge sind mittlerweile häufig wie skalierte Uhrwerke.

E. A. Hartmann (Hrsg.): *Digitalisierung souverän gestalten II*, S. 25–37, 2022.
https://doi.org/10.1007/978-3-662-64408-9_3

1 Ressourcen und Fähigkeiten durch effiziente Fertigungsabläufe von Werkzeugen sichern – Automatisierung in der Nische als Notwendigkeit

Die Programme der Bundesregierung zum Thema Digitalisierung und Industrie 4.0 sind wichtig, richtig und auch notwendig. Das, was den Werkzeug- und Formenbau in Deutschland ausmachen muss, um in Zukunft überhaupt noch fertigungsfähig und wirtschaftlich aktiv zu sein, sind eine effiziente Fertigung und flexible Fertigungsprozesse. Diese Themen zeichnen den einzig richtigen Weg für unsere Branche.

Eine große Frage im Werkzeug- und Formenbau ist hierbei die nach der Automatisierung, die wir schon allein deswegen stellen müssen, weil immer weniger Menschen – Stichwort Fachkräftemangel – die hochpräzisen Fertigungstechnologien im Werkzeug- und Formenbau beherrschen. Und wer in Hochlohnländern die Chance hat, mit einer Schicht zwei oder gar drei Schichten im Span oder per Erosion zu befeuern, der sollte im Sinne von Effizienz und Wettbewerbsfähigkeit auf strukturiert organisierte Abläufe sowie die selektive Automatisierung von Prozessen setzen. Um als Betrieb die geeigneten Bereiche für die Automatisierung zu identifizieren, lohnt meist der Blick in die nähere Produktionshistorie. Jedes Unternehmen hat zwar seine ganz eigenen Spezialisierungen, aber eines ist bei fast allen gleich: die allzu menschlichen Problemzonen im Produktionsablauf. Genau hier kann die Automatisierung und die damit verbundene Digitalisierung des Shopfloors ansetzen und Fehler eliminieren. Wer nun auch noch die Herausforderung meistert, die dafür passenden Facharbeiter für die Planungsschicht anzuheuern, der schafft sich über die Standardisierung eine Entlastung bei Routinetätigkeiten und somit einen neuen Freiraum für Kreativität.

Automatisierung beeinflusst aber generell auch die Qualität im Sinne von Präzision und Wiederholbarkeit von Präzision – bei Oberflächeneigenschaften und bei der Maßhaltigkeit. Schwierig abzuwägen ist, an welchen Stellen man bewusst die Fertigungstoleranzen weiter öffnen kann, um wirtschaftlich – auch im Sinne des Kunden – zu agieren. Werkzeugmacher sollten sich daher strategisch überlegen, welche Toleranzen von der Produktseite in Zukunft von ihnen erwartet werden und welche Strukturen bzw. Technologien dazu passen. Eines muss dabei aber immer bedacht werden: Nicht IT oder Software wird in Zukunft unsere Produkte herstellen – das macht immer noch das Werkzeug aus Stahl, das Menschen mit Maschinen in der erforderlichen Qualität und Spezifikation bearbeitet haben. Und diesen Werkzeug- und Formenbauprozess gilt es zu beherrschen und zu validieren. Doch hierfür muss man erst die Hausaufgabe an der Basis machen. Ist der Prozess an sich marode, hilft Digitalisierung nichts – man erhält lediglich einen digitalisierten und immer noch maroden Prozess!

Werden die Bauteile, die aus den Werkzeugen und Formen herauskommen, geometrisch immer exakter, mit kleiner werdenden Toleranzen, bedingt das robuste Prozesse: Die Produktqualität muss wie an einer Perlenschnur aufgefädelt gewährleistet sein. Und das erreicht man wiederum nur mit der Präzision aus der digitalen Fertigung im Werkzeug- und Formenbau. Doch Qualitätsmerkmale beziehen sich nicht ausschließlich auf die Maßhaltigkeit. Es geht auch um die darauf aufbauende Prozessfähigkeit und Wiederholgenauigkeit in der Produktion für Bauteile, die mit diesen Werkzeugen hergestellt werden.

Hightech-Werkzeugbauunternehmen unterliegen daher heute durch die systematische, prozessorientierte und präventive Qualitätssicherung einer strengen Kontrolle. Die laufende Überprüfung der Ist- und Sollwerte ermöglicht automatisierte, durchgehende Prozesse für die Weiterverarbeitung der Werkstücke. Doch es stellt sich oft die Frage, wie präzise Werkzeugmacher noch werden müssen? Man hätte heute sicherlich nicht den Grad der Automatisierung im Spritzgießen oder beim Stanzen bzw. Umformen von Blechen und bei nachfolgenden Montageprozessen erreicht, wenn es die Präzision im Werkzeug nicht gäbe. Sie bestimmt, wie hoch der Output von komplexen Fertigungsabläufen ist, in Bezug auf die Qualität, Reproduzierbarkeit, Stabilität und Geschwindigkeit. Diesen Bereichen gilt es daher besondere Aufmerksamkeit zukommen zu lassen und die zugehörigen Prozesse im Detail zu dokumentieren, um sie auch nachweisen zu können.

Je genauer man bestimmte Maße und Toleranzen aber bestimmen kann, desto mehr wird das Haar in der Suppe gesucht. Wenn von Kundenseite Automatisierung und Industrie 4.0 in der Fertigung gefordert wird, dürfen nicht gleichzeitig Erstmusterprüfberichte mit hunderten taktil oder optisch geprüften Maßen eingefordert werden. Das ist eine technische veraltete Herangehensweise und spiegelt an vielen Stellen falsche Tatsachen wider. Vielmehr ist in erster Linie bei der Begutachtung der geometrischen Bauteilgüte der objektive Überblick über den Gesamtzusammenhang notwendig, um dann gegebenenfalls fokussiert die Details zu betrachten und zu diskutieren. Das große Ganze erfassen, dann Rückschlüsse daraus ziehen und nicht mit den granulierten Details beginnen ist effektiv und mit Sicherheit der effizientere Weg. Zeit und Wirtschaftlichkeit sind diesbezüglich die stichhaltigen Argumente und damit Wettbewerbsfaktoren. Mit der Etablierung digitaler Messtechnik, z. B. der Computertomographie (CT), steht ein Mess- und Analysewerkzeug zur Verfügung, um Produkt und Prozess zu optimieren. Die digitale Erfassung der Geometrie- und Bauteilstrukturen ermöglicht so die nachhaltige Digitalisierung des Produktentwicklungs- und anschließenden Verifikationsprozesses. Mit CT erfasste, digitale Messdaten können im Entwicklungsprozess weitergegeben und genutzt werden. Erste Ansätze zu einer auf Künstlicher Intelligenz basierenden Verwendung der ermittelten Daten werden bereits in kooperativen Forschungsprojekten skizziert. Damit kann ein Beitrag zur Zukunftsfähigkeit von Wirtschaft und Forschung durch Stärkung der digitalen Produktentwicklung und Qualitätsüberwachung geschaffen werden (Abb. 1).

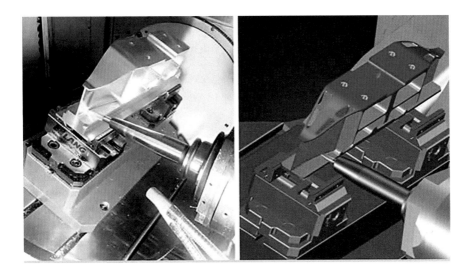

Abb. 1. Digitaler Zwilling. (Bild: Tebis AG, München)

Um Nutzen aus der Digitalisierung zu ziehen, muss man die neuen Anwendungen akzeptieren. Für den Werkzeug- und Formenbau war das Thema „digital", ausgehend von der technischen Zeichnung bis hin zur Maschinensteuerung, immer eine Evolution, nie eine Revolution. Und weitere Entwicklungen werden auch eher mit der Verbesserung der Fertigungsprozesse und des Engineerings befassen. Ein wichtiges Arbeitsfeld im Bereich der Digitalisierung sind hierbei jedoch die Schnittstellen, die die vielen Satellitenlösungen am Markt verbindet. Das gesteckte Ziel lautet dabei: die umfassende Industrialisierung des Werkzeug- und Formenbaus. Dieser sollte dabei eine klare Vision und Strategie haben, eigenverantwortliche Mitarbeiter beschäftigen und über den gesamten Wertschöpfungsprozess Daten zur kontinuierlichen Verbesserung erfassen. Die Verwendung dieser Daten und das Management von Wissen und Erfahrungswerten steigert die Performance von 4.0-Unternehmen: Sie arbeiten effizient, realisieren kurze Durchlaufzeiten mit einer hohen Flexibilität und maximieren die Produktivität ihrer wertvollen Hightech-Betriebsmittel (Abb. 2).

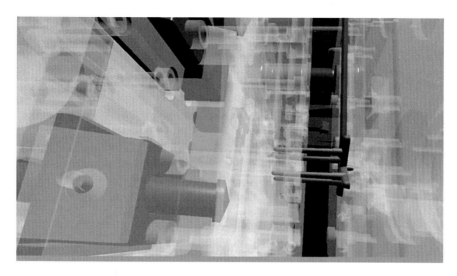

Abb. 2. Polyman-VR, eine Lernanwendung für Messen und Firmenevents. Der Polyman ist ein handliches Stück Kunststoff, das in der Ausbildung der Werkzeugmacher Anwendung findet: eine Zwei-Komponenten-Anwendung, die je zur Hälfte einer kunststoffgerechten und einer nicht kunststoffgerechten Bauteilkonstruktion entstammt. Alles Gute und alles Schlechte aus der Praxis der Spritzgussproduktion in einem Teil vereint und auf einen Blick erkennbar gemacht. Als vertiefende Anwendung ist das Polyman-Projekt auch per Virtual Reality zu bestaunen. Per 3D-Brille gelangt man in die virtuelle Realität des Lehrbauteils: Das gläsern animierte Werkzeug erlaubt es dem Betrachter, in den Spritzgussprozess und in die Kavität einzutauchen und hautnah die Dos and Don'ts der bauteilgerechten und kunststoffgerechten Werkzeugkonstruktion zu erleben. (Bild: wortundform GmbH, München)

2 Wettbewerbsvorteile durch intelligente Werkzeuge, eingebettet in das industrielle Umfeld

Werkzeugmacher leben die Aspekte des 4.0 aber nicht nur in der Automation, sondern auch in vor- und nachgelagerten Prozessen – bei Partnern und bei Kunden. Das ist übrigens die Voraussetzung, um erfolgreich zu sein. Wesentlich bei der Betrachtung und Planung einer modernen Fertigung ist, dass Digitalisierungsstrategien dem Produktionsprozess folgen und nicht umgekehrt.

Bei der Digitalisierung in der industriellen Fertigung von Produkten kann die Werkzeug- und Formenbau-Branche dann beispielsweise mit intelligenten Monitoring-Systemen die Schrittmacherrolle einnehmen. Wenn eingebettete Diagnosesysteme (EDS) prozessrelevante Daten erfassen und auswerten, können Werkzeuge dem Anwender aufzeigen, ob sein Fertigungsprozess im optimalen Betriebsfenster läuft oder davon abweicht. So kann nicht nur die Abmusterung beschleunigt werden, sondern der Kunde, also der

Teilefertiger, erhält zusammen mit dem Werkzeug ein zuverlässiges Assistenzsystem zur Stabilisierung seiner Prozesse. Derartige „Powermoulds" konfigurieren sich über eine Schnittstelle zur Spritzgießmaschine bzw. zur Presse idealerweise auch selbst und gleichen Referenzgrößen mit den tatsächlichen Prozessdaten in Echtzeit ab (Abb. 3 und 4).

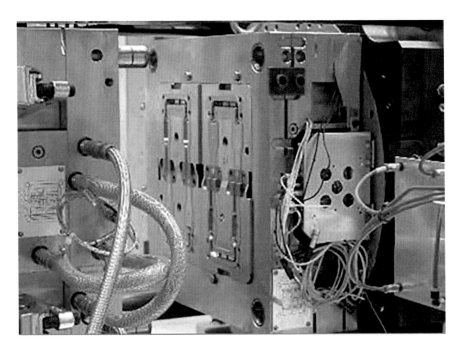

Abb. 3. Projekt Powermould an der Hochschule Schmalkalden. Mit einem fest installierten eingebetteten Diagnosesystem (EDS), inklusive integrierter Signalaufbereitung, wurden durch Methoden des maschinellen Lernens gezielte Entscheidungshilfen für den Maschinenbediener im Fehlerfall abgeleitet. In einem statistischen Versuchsablauf entwickelt das System über einen entsprechenden Algorithmus ein optimales Klassifikationsmodell, mit dem „gute" und „schlechte" Bauteile unterschieden werden können. Diejenigen Prozessparameter, die zu optimalen Bauteil-Merkmalen führen, werden als Referenzgrößen festgelegt und während der Produktion mit den tatsächlichen Prozessdaten in Echtzeit abgeglichen. Zusätzlich werden mit 3D-Scanner und anderen Geräten Qualitätseigenschaften der gefertigten Kunststoffprodukte untersucht und für die „Belehrung" der computergestützten Auswertealgorithmen eingesetzt. Die 14 Sensoren ermitteln neben Produktionsdaten wie Werkzeuginnendruck, Heißkanal-Temperatur, Temperiermittel-Temperatur oder Viskosität der Schmelze aber z. B. auch die Temperatur und die Luftfeuchtigkeit während der Lagerung. Alle Werte werden im akkubetriebenen EDS gespeichert. (Bild: Angewandte Kunststofftechnik, Hochschule Schmalkalden)

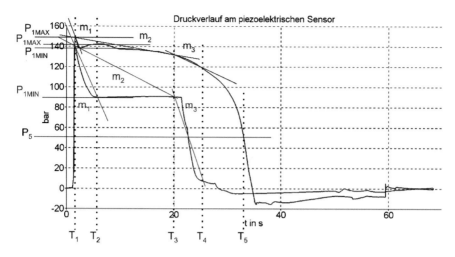

Abb. 4. Projekt Powermould an der Hochschule Schmalkalden. Bewertungskriterien des Fertigungsprozesses. (Bild: Angewandte Kunststofftechnik, Hochschule Schmalkalden)

Durch solche Industrie-4.0-Systeme verbessert jedoch nicht nur der Fertigungsprozess im Sinne von Qualität und Effizienz, es lassen sich über prozessübergreifende Digitalisierungsstrategien gleichermaßen künftige Geschäftsmodelle für den Werkzeug- und Formenbau ableiten: Ähnlich wie im Kfz-Bereich sensibilisieren EDS z. B. für die Instandhaltung von Werkzeugen, wenn dem Nutzer angezeigt werden kann, dass eine Produktionszyklen-Grenze erreicht ist oder das Werkzeug zu großen Kräften ausgesetzt war. Umgekehrt kann der Werkzeugmacher – wenn die notwendigen Parameter vorhanden sind und die Serviceintervalle eingehalten wurden – auch Garantien auf seine Erzeugnisse geben.

3 Nicht immer alles allein machen! Die kooperative Werkzeugproduktion von Mensch zu Mensch

Die junge Generation der Werkzeug- und Formenbau-Chefs ist offen und kommunikativ, sie gehen Kooperationen bewusst und gerne ein. Noch vor wenigen Jahren war der Nachbarbetrieb ein gegnerischer Akteur. Die neuen Entscheider begreifen den Kollegen nun jedoch als Bereicherung, als Partner, der mit seinen Ratschlägen weiterhilft, dessen Portfolio das eigene ergänzt oder der mit Kapazitäten helfen kann, um am gemeinsamen Standort Deutschland wirtschaftlich fertigen zu können. Durch diese unternehmerische Philosophie sind in der Branche echte Vertrauensverhältnisse entstanden. Und die Digitalisierung spielt bei den zugehörigen Kommunikationsprozessen eine entscheidende Rolle. Der Austausch von Daten, Einblicke in die Produktion und vor allem der persönlich-menschliche Austausch gelingt mit modernen Medien unkompliziert, direkt und auch über Hunderte Kilometer hinweg.

Notwendige Bedingung für Kooperationen ist jedoch die Flexibilität in der Fertigung. Nur wenn man seine Prozesse digitalisiert und „gläsern" macht, wenn man Informationen zu Programmierungs-, Rüst- oder Bearbeitungszeiten vorliegen hat, kann man auch Arbeitsportionen planbar abgeben bzw. von Kollegen annehmen. Gerade kleine und mittelgroße Unternehmen, die die Werkzeug- und Formenbau-Branche in Deutschland prägen, sind hier im Vorteil. Kleinteiligkeit bedeutet Flexibilität, und Flexibilität bedeutet, dass man schnell handlungsfähig ist. Also keine Angst vor Kleinteiligkeit! Man muss nur intelligent zusammenarbeiten. Wenn es um den Bereich Marketing, Vertrieb und Öffentlichkeitsarbeit geht, tüfteln Werkzeugmacher jedoch manchmal lieber an technologischen Lösungen, als über diese dann zu sprechen. Dabei würde es den vielen „Hidden Champions" der Branche mit modernen Kommunikations- und Präsentationsmitteln zunehmend leicht gelingen, in den Bereichen Außendarstellung und Vertrieb ihre Kunden und interessierte Unternehmen in der digitalen Welt anzusprechen. „Tue Gutes und rede darüber" heißt das Motto.

Für den Marktspiegel Werkzeugbau zeigt sich in den Benchmark-Auswertungen aus dem Jahresabschluss 2019 im Bereich der Digitalisierung und Automatisierung insgesamt ein positiver Trend. So gaben 77,4 % der Unternehmen an, dass sie bereits einzelne moderne Tools zur Digitalisierung einsetzen. Darunter fallen z. B. Augmented-Reality-Lösungen zur Qualitätssicherung, softwaregestütztes und vernetztes Werkzeugmanagement, Virtual-Reality-Lösungen zur Werkzeugabnahme sowie der Einsatz mobiler Endgeräte in der Fertigung. Das Ergebnis zeigt, dass einzelne Tools für die Unternehmer eher greifbar sind und somit leichter integriert werden können als übergreifende Gesamtlösungen (Abb. 5 und 6).

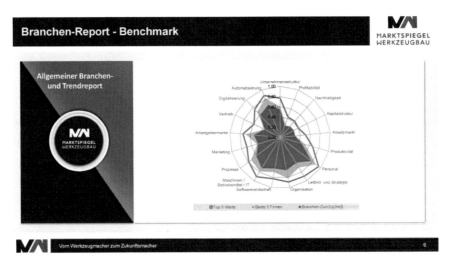

Abb. 5. Marketing und Vertrieb muss zum To-do-Punkt erklärt werden: Laut dem „Marktspiegel Werkzeugbau" zeigen die Benchmark-Ergebnisse deutlich, dass sich das Marketing- und Vertriebsthema in vielen Unternehmen noch nicht auf der strategischen Agenda befindet. Ähnlich wie auf dem Weg zu einer durchgängigen Digitalisierung gibt es auch hier keine Musterlösung, die jedes Unternehmen adaptieren kann. Wichtig sei, unternehmerischen Mut zu zeigen. Schnell konzipieren, schnell umsetzen und schnell testen, darauf kommt es an. (Bild: Marktspiegel Werkzeugbau, Schwendi)

Abb. 6. Mit den Virtuellen Thementagen bietet der VDWF gerade den kleinen und mittelständischen Unternehmen die Möglichkeit, sich ohne große administrative und planerische Hürden ihrer Kundschaft zu präsentieren. Die Reichweite der mit Zoom abgehaltenen Meetings wurde zusätzlich durch Livestreams in YouTube und Facebook erhöht. Ziel ist es, Angebote und Kompetenzen zwischen Branchenpartnern zu vermitteln. (Bild: wortundform GmbH, München)

Bedenken müssen wir dabei aber auch: Die Konkurrenz sitzt mit zunehmender Vernetzung nicht mehr im benachbarten Dorf oder Land, sondern auch auf der anderen Seite der Welt. Deshalb ist es umso wichtiger, zusammenzuarbeiten und gemeinsam für europäische Qualität zu stehen. Die Werkzeugmacher hierzulande agieren bereits international. In Richtung Nord- und Südamerika, Brasilien, Mexiko, Kanada, aber auch in Indien wird sich jedoch bald der Markt erweitern. Doch nur die großen Betriebe können langfristig international erfolgreich agieren – um umgekehrt, Betriebe mit 50 oder mehr Mitarbeitern müssen auch international operieren, um überlebensfähig zu sein, um die eigenen Kapazitäten auszuschöpfen. In einem globalisierten Wettbewerb darf man nicht innehalten. Um effizient zu sein und damit auch nachhaltig wettbewerbsfähig, gilt es nicht nur Prozessabläufe in der Produktion, sondern gleichermaßen auch in der Verwaltung zu optimieren. Ein Lösungsansatz für die kleineren Unternehmen kann hier die kooperative Fertigung sein. Man kann also unternehmensübergreifende Allianzen eingehen, um gemeinsam einen größeren Auftrag zu stemmen, anstatt ihn Dritten zu überlassen. Gekoppelt mit Werkzeugbau 4.0 ermöglicht das ganz neue Geschäftsmodelle für den Werkzeug- und Formenbau – immer nach dem Motto „Think global, act local!". Das ist nicht nur eine Zukunftsvision, sondern die Zukunft (Abb. 7).

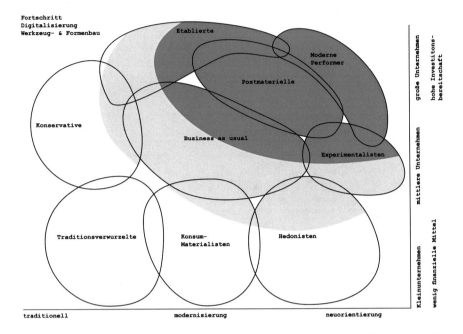

Abb. 7. Fortschritt der Digitalisierung im Werkzeug- und Formenbau. (Bild: wortundform GmbH, München)

4   Ohne Bildung, ohne Forschung kein Erfolg

Nur die Ausbildung macht uns hier in Deutschland überlebensfähig! Die Erstausbildung findet auf höchstem Niveau statt aber sie befähigt uns nicht dazu, bis zum Ruhestand unsere Aufgabe – in diesem volatilen Markt, mit ständig neuen Technologieentwicklungen – adäquat zu erfüllen. Früher gab es Werker, die arbeiteten bis zum Ruhestand an derselben Maschine. Das wird es nicht mehr geben. Um das lebenslange Lernen kommen wir nicht mehr herum. Daher haben sich gerade im Werkzeug- und Formenbau verschiedene Weiterbildungs-Studiengänge etabliert (Abb. 8). Denn nur die Qualifizierung – nicht nur der Anlagen, Werkstoffe und Prozesse, auch der Menschen – macht Standorte mit hohem Lohnniveau überlebensfähig!

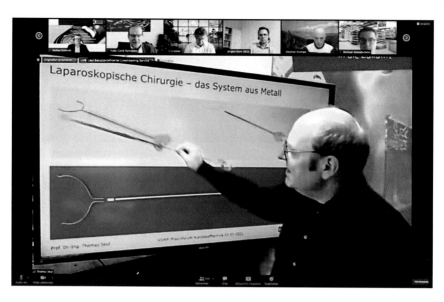

Abb. 8. Reichweitenerhöhung in der Werkzeug- und Formenbau-Branche: VDWF-Präsident Prof. Thomas Seul, auch Vizepräsident für Forschung und Transfer an der Hochschule Schmalkalden, erläutert bei dem rein digital veranstalteten „Praxisforum Kunststofftechnik" die Vorteile eines medizinischen Bergebeutels aus Kunststoff. (Bild: wortundform GmbH, München)

Als Musterbeispiel für den Umgang mit Digitalisierung und Standardisierung kann hier die Additive Fertigung dienen: Bei diesem relativ jungen Fertigungsverfahren, das ein digitale Planung und Fertigung der Bauteile zwingend bedingt, wurde lange Zeit nicht einmal eine Erstausbildung angeboten. Erst als den viele Autodidakten, die sich dem Thema widmeten, eine generelle Basis von Standards und Richtlinien geboten wurde, gelang es in Bezug auf Werkstoff- und Verfahrenseigenschaften, in Bezug auf Engineering, aber auch in Bezug auf die Werkzeugkonstruktion einen zielführenden Austausch stattfinden zu lassen. Bei Qualitätssicherung, Technologiebewertung und -handhabung oder einfach auch beim Einstellen neuer Mitarbeiter sind vereinheitlichte Daten wesentliche Basis.

„3D" hat uns gezeigt, dass es sich lohnt, generell in der Konstruktion von Produkten umzudenken. Vereinbarte Standards bei Werkstoffen, Normalien, Schnittstellen und Prozessabläufen sind die Basis, damit die Ergebnisse aus der Forschung effektiv und auch effizient in die Werkzeug- und Formenbaufertigung transferiert werden können. Gerade auch bei kollaborativen Projekten, bei denen verschiedene Forschungseinrichtungen und Unternehmen zusammenarbeiten. Auf der anderen Seite helfen Digitalisierung und Standardisierung auch, wenn es darum geht, Forschungsthemen zu identifizieren. Meistens sind es die wissenschaftlichen Einrichtungen, die auf die Unternehmen zugehen, doch eigentlich sollte der Weg umgekehrt sein und die Industrie sollte mitgestalten und die Unternehmen der Forschung sagen, welche Themen in den nächsten fünf, zehn oder fünfzehn Jahren ins Programm gehören. Sie müsste die weißen Felder identifizieren und gewichten, damit Forschungsthemen priorisiert werden können. Dies funktioniert erst ideal, wenn auf beiden Seiten dieselben Standards gelten und auf dieselbe Datenbasis verwiesen werden kann (Abb. 9).

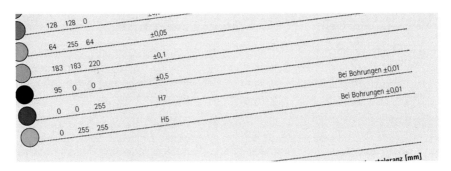

Abb. 9. VDWF-Richtlinie „Farbtabelle zur CAD-gestützten Übermittlung von Toleranzen im Werkzeug- und Formenbau": Werkzeugmacher färben Flächen von CAD-Modellen ein, um die erforderliche Fertigungsgenauigkeit in der Konstruktion festzulegen. So lassen sich die Prozesse der Unikatfertigung rationalisieren. Allerdings wurde der Effekt dieses sinnvollen Vorgehens in den letzten Jahren dadurch eingeschränkt, dass zahlreiche Betriebe eigene Farbtabellen erstellt haben und eine Vielzahl unterschiedlicher Systeme kursierten. Dadurch kam es im Produktionsalltag immer wieder zu „Gewohnheitsfehlern", wenn Werkzeug- und Formenbau-Unternehmen beispielsweise einzelne Teilaufgaben, wie z. B. Fräs-, Bohr- oder Erodierarbeiten, an externe Dienstleister vergaben. Da aber ein weiterer Anstieg des Termin- und Kostendrucks zu erwarten ist, wird die Notwendigkeit vernetzten Arbeitens zunehmen. Hier soll die vom VDWF erarbeitete Farbtabelle Übermittlungsfehler verhindern. In enger Kooperation erarbeitete eine Expertenrunde aus der Branche die vereinheitlichende Richtlinie zur CAD-gestützten Übermittlung von Toleranzen im Werkzeug- und Formenbau per Farbcodierung. (Bild: wortundform GmbH, München)

5   Mit Effizienz, ohne Effizienz

Verändert sich die Arbeit, verändert sich auch die Atmosphäre bei der Arbeit. Die heutigen effizienzgetriebenen Prozesse lassen Beschaulichkeit nicht mehr zu. Wenn früher etwas fertig werden musste und alle auch samstags im Betrieb waren, frühstückte man gemeinsam und tauschte sich aus. So lernte man die Menschen in den Kollegen kennen, ihre Meinungen, ihre Gefühle – was für das Selbstverständnis und die Identifikation der Werkzeugmacher mit ihrem Berufsbild und mit ihrem Arbeitgeber wesentlich war. Werden nun alle Abläufe im Unternehmen auf Effizienz getrimmt, besteht die Gefahr, dass an anderer Stelle etwas verloren geht. Es gilt also, sich mit Bedacht zu verändern und das wertvollste Gut in unserer Branche – den Menschen – stets in den Mittelpunkt der Digitalisierungsstrategien zu setzen.

Zu guter Letzt gilt es, auch als Werkzeugmacher keine Angst zu haben: Mit digitalisierten und automatisierten Prozessen wird niemand arbeitslos, vielmehr gewinnt man nun die Zeit, um sich aufs Wesentliche konzentrieren zu können – nämlich auf die Arbeiten, die den Menschen mit seiner Erfahrung benötigen und nicht von Robotern erledigt werden können. Und: Digitalisierung ist kein Allheilmittel, Software ist nicht intelligent. Intelligent wird ein System erst dadurch, dass wir Menschen mit der Software umgehen. Das ist übrigens in allen Bereichen so. Ein Architekt konstruiert per CAD ein Haus, doch der Spirit des Entwurfs, die Raumatmosphäre, das Zusammenspiel der Proportionen, das macht der gestaltende Akteur und nicht die Software. CAD-Systeme und -Programme sind die Werkzeuge, um dem zu helfen, der kreative Gedanken umsetzen möchte!

Die Automatisierung mit digitalisierten Prozessen als Basis wird also eintönige, wiederkehrende Arbeitsschritte übernehmen und ersetzen und neue Freiräume schaffen. Der Mensch wird mit seinem erarbeiteten Wissen aus früheren Projekten dabei immer Teil des Ganzen bleiben. Denn ohne den Werkzeugmacher geht nichts. Weder in der Vergangenheit noch in der Zukunft.

Anwendungen und Lösungsansätze erklärbarer Künstlicher Intelligenz

Tom Kraus(✉) und Lene Ganschow

Institut für Innovation und Technik, Steinplatz 1, 10623 Berlin, Deutschland

{kraus,ganschow}@iit-berlin.de

Zusammenfassung. Die Erklärbarkeit von Künstlicher Intelligenz (KI) ist in wichtigen Anwendungsfeldern relevant für die Zulassung und Zertifizierung oder die Kundenakzeptanz von KI-Produkten. Heute adressieren gängige Erklärungsansätze hauptsächlich die KI-Entwicklungsteams und das Personal mit Domänenexpertise, welches KI-Systeme in einem professionellen Umfeld bedient. Umfragen zeigen jedoch, dass die Erklärbarkeit von KI auch für Endkundinnen und -kunden sowie für das Management perspektivisch stark an Bedeutung gewinnen wird. In diesem Artikel diskutieren wir den grundsätzlichen Anwendungsbereich von erklärbarer KI, einige der etablierten Erklärungsstrategien sowie anschauliche Anwendungsbeispiele. Obwohl erste Orientierungshilfen für eine sinnvolle Auswahl von Strategien für Entscheidungserklärungen bereitstehen, besteht noch ein großes Entwicklungspotenzial in Bezug auf Erklärungsansätze, die Modellwirkmechanismen nachvollziehbarer machen können oder verhaltenswissenschaftliche Aspekte berücksichtigen.

Schlüsselwörter: Erklärbare KI · Black Box · Algorithmische Transparenz

1 Einleitung und Motivation

Der „Kluge Hans" war ein Pferd, dem man um die vorletzte Jahrhundertwende herum nachsagte, dass es rechnen könne. Bei öffentlichen Vorführungen wurden dem Pferd Rechenaufgaben gestellt und es kommunizierte dann durch das Klopfen mit dem Vorderhuf auf den Boden mit dem Aufgabensteller. Die Anzahl der Hufschläge war mutmaßlich als Antwort des Pferdes bzw. die Lösung der Rechenaufgabe zu interpretieren, und das Pferd lag bei Vorführungen immer richtig. Es wurde daher schnell berühmt und Delegationen von Wissenschaftlern kamen, um das Pferd zu sehen bzw. zu untersuchen. Was sich jedoch alsbald herausstellte: Das Pferd löste keineswegs die Rechenaufgabe, sondern leitete die Antwort geschickt aus anderen Informationen ab, die es unerwarteterweise zu deuten wusste. Anstatt die Rechenaufgabe zu lösen, klopfte das Pferd nämlich solange mit dem Huf auf den Boden, bis es gewisse Veränderungen in Körpersprache und Mimik seines Aufgabenstellers entdeckte. Bemerkenswerterweise bewies das Pferd dieses feine Gespür selbst dann erfolgreich, wenn die aufgabenstellende Person ihm unbekannt war und sich in dem Moment,

E. A. Hartmann (Hrsg.): *Digitalisierung souverän gestalten II*, S. 38–50, 2022.

https://doi.org/10.1007/978-3-662-64408-9_4

wenn das Pferd bei der passenden Anzahl von Hufschlägen angelangt war, durch ihr Verhalten unbewusst verriet.

Beim Einsatz von Künstlicher Intelligenz (KI) bzw. im Maschinellen Lernen (ML) kennt man einen sehr vergleichbaren Effekt ebenfalls (Lapuschkin et al. 2019). Man spricht vom Kluger-Hans- bzw. Clever-Hans-Effekt, wenn in einem Trainingsdatensatz, möglicherweise in versteckter Form, bestimmte Eingangsgrößen vorhanden sind, die mit der richtigen Ausgabe korrelieren, aber wenig mit der Ursache der jeweils adressierten Phänomene zu tun haben. Derartige Daten sollten für den praktischen Einsatz, insbesondere während des Trainings eines ML-Systems, keinesfalls herangezogen und in der Entwicklungsphase ausgeschlossen werden. Unabhängig von der konkreten Ausgestaltung des ML-Systems, insbesondere in Bezug auf das zugrunde liegende Modell, können Entscheidungen durch solche Daten wesentlich beeinflusst werden, falls ein Clever-Hans-Effekt unentdeckt bleibt. Es gibt mehrere einschlägige Beispiele, z. B. wenn in der Bilderkennung die Unterscheidung von Wölfen und Huskies (Schlittenhunde) aufgrund des Schnees im Hintergrund gemacht wird (Ribeiro et al. 2016) oder Pferde auf Fotos nur aufgrund eines Wasserzeichens erkannt werden, das zur Unterbindung unerlaubter Vervielfältigung eingeführt wurde (Cremers et al. 2019).

Es ist offensichtlich, dass ein unentdeckter Clever-Hans-Effekt je nach Anwendung schwerwiegende Folgen haben kann, wenn ein betroffenes KI-System nur vermeintlich das gestellte Problem löst, aber absehbar im realen Einsatz versagt bzw. willkürliche Entscheidungen trifft. Je nach Kritikalität der Anwendung ist vorstellbar, dass Menschen zu Schaden kommen oder benachteiligt werden oder zumindest großer wirtschaftlicher Schaden entsteht. Gerade bei vortrainierten KI-basierten Entscheidungsunterstützungssystemen liegt es im Interesse bzw. in der Verantwortung der Entwicklungsteams, solche Effekte auszuschließen. Je nach der konkreten Ausgestaltung des KI-Systems kann dies mit einem sehr unterschiedlich hohen Aufwand verbunden sein.

Das Auffinden eines Clever-Hans-Effektes ist eine von mehreren denkbaren Motivationen, die einen Anwender dazu veranlassen könnte, ein KI-System zu verwenden, das „erklärbar" ist. Für solche Anwender ist es wichtig, die Kausalitätsbeziehungen einzelner Entscheidungen zu plausibilisieren und, falls nötig, den systematischen Bias in den Daten aufzuspüren. Je nach Anwendung und Zielgruppe können jedoch noch sehr viele weitere Ziele oder Erklärungen von Interesse sein (Arrieta et al. 2019; Kraus et al. 2021). Für andere Anwender mag es etwa bedeutsam sein zu testen, ob ein KI-System auf verwandte Problemstellungen übertragen werden kann oder wie empfindlich es auf bestimmte Störungen in den Eingangsdaten reagiert. Auch können die Erhöhung des Informationsgewinns oder des Privacy-Bewusstseins, die Verbesserung von Interaktionsmöglichkeiten sowie das Klären von Verantwortlichkeiten mögliche Zielsetzungen sein.

2   Erklärbare KI: Begriff und Anwendungsbereich

Eine einheitliche und allgemein anerkannte Taxonomie für „erklärbare KI" hat sich bislang noch nicht herausgebildet (Arrieta et al. 2019; Adadi/Berrada 2018). Man findet in der Literatur häufig Variationen der Begriffsbestimmung, dass erklärbare KI-Systeme dedizierte ML-Systeme darstellen, die 1) spezifische Entscheidungen und spezifische Aktionen oder 2) ihre innere Funktionsweise bzw. die versteckte Logik des Systems *besser* verständlich machen.

Derartige Begriffsbestimmungen sind jedoch nur von praktischem Nutzen, wenn man sich darüber klar ist, in welchen Fällen eine Verbesserung der Erklärbarkeit von ML-Systemen eigentlich erforderlich ist.

Ob die Erklärbarkeit eines ML-Systems überhaupt verbessert werden muss oder sollte, hängt einerseits von der methodischen Ausgestaltung des Systems, andererseits von der individuellen Anwendung und den Interessen der adressierten Zielgruppen ab. Auf den Anwendungs- und Zielgruppenbezug kommen wir in Abschn. 4 nochmals zurück. Es ist jedoch zunächst entscheidend, wie das ML-System methodisch ausgestaltet wird, d. h., ob ohnehin ein gut nachvollziehbares White-Box-Modell oder ob ein schlechter nachvollziehbares Modell für das ML verwendet wird, für das wir im Folgenden die Bezeichnung „Black-Box-Modell" verwenden wollen. Dabei bezeichnen wir im Sinne einer einfachen Konvention alle Modelle als Black Box, die die beiden im Nachfolgenden beschriebenen und grundlegenden Eigenschaften eines White-Box-Modells nicht erfüllen, nämlich algorithmische Transparenz und nachvollziehbare Eingangsgrößen.

White-Box-Modelle zeichnen sich aufgrund ihrer nachvollziehbaren Struktur durch einen hohen Transparenzgrad aus. Damit ein Modell als White-Box-Modell und somit als selbsterklärend gelten kann, muss es zumindest die grundlegende Eigenschaft der algorithmischen Transparenz (Lipton 2016) besitzen *und* in seiner konkreten Ausprägung nachvollziehbare Eingangsdaten verwenden (Kraus et al. 2021). Für die Eigenschaft der algorithmischen Transparenz ist von Bedeutung, dass nachvollziehbar ist, wie Modellinstanzen im Detail erzeugt werden, und wie der betreffende Algorithmus, der die Modellparameter bestimmt, mit möglichen Situationen umgeht, mit denen er konfrontiert sein könnte. Dabei ist diese Nachvollziehbarkeit nicht auf konkrete Daten und Modellausprägungen bezogen, sondern allgemein in Bezug auf unbekannte Input- bzw. Trainingsdaten zu verstehen. Beispiele von Modelltypen, die sich durch algorithmische Transparenz auszeichnen, sind etwa lineare oder logistische Regressionsmodelle, Entscheidungsbäume oder Bayes-Netze (Arrieta et al. 2019; Kraus et al. 2021), für die allesamt etablierte und deterministische Trainingsalgorithmen existieren. Damit diese Modelle jedoch auch als White-Box-Modelle gelten können, muss zusätzlich die Nachvollziehbarkeit der Eingangsdaten gegeben sein. Dies erfordert, dass die Größen, mit denen das Modell „gefüttert" wird, intuitiv verständlich sind und nicht etwa bereits komplexe, vorverarbeitete Kombinationen von Kenngrößen darstellen. Für solche White-Box-Modelle, die nachvollziehbare Eingangsdaten nutzen *und* sich durch algorithmische Transparenz auszeichnen, ist in aller Regel *keine* Verbesserung der Erklärbarkeit erforderlich, da entsprechende Informationen z. B. zur Aufdeckung von Clever-Hans-Effekten oder zum Verständnis der Modellwirkmechanismen mit mehr oder minder großem Aufwand direkt abgeleitet werden können – auch wenn dies ggf. die Unterstützung von Expertinnen und Experten oder ein passendes User Interface erfordert.

Die sogenannten „Black-Box-Modelle" zeichnen sich häufig durch eine höhere Flexibilität aus. Manche erlauben etwa den Umgang mit Daten, die nicht händisch vorverarbeitet wurden, andere nutzen eine Vielzahl von Freiheitsgraden, um den Einfluss unterschiedlichster Interaktionen von Eingangsgrößen auf das Ergebnis abbilden zu können. In der Regel können solche Modelle jedoch selbst von Personen mit einschlägiger KI-Expertise angesichts unübersehbarer interner Verflechtungen nur unzureichend nachvollzogen werden. Im Vergleich zu White-Box-Modellen ist das wesentliche Unterscheidungskriterium eines Black-Box-Modells, dass diesem Modelltyp die notwendige Eigenschaft der algorithmischen Transparenz fehlt (Arrieta et al. 2019; Kraus et al. 2021; Lipton 2016). Bei tiefen neuronalen Netzen kann man dies etwa daran festmachen, dass beim Prozess der Modellgenerierung trotz gleichbleibender Trainingsdatensätze stets grundlegend unterschiedliche Modellausprägungen erzeugt werden können, was auf die komplexen Verlustfunktionen (Datta et al. 2016; Kawaguchi 2016) und die heuristischen Optmierungsverfahren zurückzuführen ist (Arrieta et al. 2019), die aufgrund der Dimensionalität eingesetzt werden müssen. Weitere Beispiele für Black-Box-Modelle sind etwa Tree-Ensemble-Modelle oder Support Vector Machines (Arrieta et al. 2019; Kraus et al. 2021). Kommen solche Black-Box-Modelle zum Einsatz kann man – falls dies anwendungsseitig gewünscht ist – versuchen, die mangelnde Transparenz der Modelle zu kompensieren. Dies ist das eigentliche Anwendungsgebiet für „erklärbare" KI.

Welches sind jedoch nun die eigentlichen Ansatzpunkte, um die oben genannten Aspekte von Erklärbarkeit bei Black-Box-Modellen, d. h. deren spezifischen Entscheidungen oder deren innere Funktionsweise bzw. deren versteckte Logik zu verbessern? Grundsätzlich gibt es eine breite Palette von Möglichkeiten, wie Erklärungen für die Entscheidungen eines KI-Systems bereitgestellt werden können. Je nach Anwendung, Datengrundlage und Zielgruppe kann hier die Übermittlung visueller, grafischer, textueller oder numerischer Information infrage kommen und nominell als Erklärung bezeichnet werden. Wie die spezifische Erklärungsgüte bewertet wird, kann hingegen von Person zu Person stark variieren, da der mit der Erklärung assoziierte Erkenntnisgewinn, abgesehen von der Anwendung, auch maßgeblich von dem individuellen Interesse und Vorwissen der Zielperson abhängt.

3 Erklärungsstrategien

Es wurden bereits zahlreiche Erklärungsstrategien entwickelt, die je nach Anwendungsfall besser oder schlechter geeignet sind, um individuelle Erklärungen für konkrete Anwendungen zu erzeugen. Die wesentliche Schwierigkeit besteht häufig in der Auswahl der geeigneten Methode. Für einige Strategien existieren bereits direkt verwendbare Implementierungen oder sie konnten sich sogar als industrieller Standard durchsetzen. Andere Methoden werden gerade erst im Rahmen von Forschungsprojekten erprobt. Im Folgenden werden einige etabliertere Ansätze kurz vorgestellt.

3.1 LIME

Eine der wohl bekanntesten Methoden zur Erzeugung von Erklärungen ist das Post-hoc-Analysewerkzeug LIME (Local Interpretable Model-Agnostic Explanations). „Post hoc" bedeutet in diesem Zusammenhang, dass die Erklärung „nachträglich" durch ein eigenständiges Analysewerkzeug generiert wird. Die Grundidee hinter LIME ist, dass mithilfe eines vereinfachten Modells das komplexe Black-Box-KI-Modell in einer lokalen Umgebung approximiert und somit die Nachvollziehbarkeit von konkreten Entscheidungen verbessert werden kann. Dieses neue Modell wird jedoch immer nur für einen lokalen Bereich und nicht zur generellen Erklärung des Black-Box-Modells verwendet. Dieses neue, vereinfachte Modell wird auf Basis mehrerer möglichst ähnlicher Entscheidungen des ursprünglichen Modells erstellt. Somit ist dieses abhängig von einer Auswahl von konkreten Entscheidungen. Durch die mehrfache Anwendung von LIME können folglich auch verschiedene lokale Modelle entstehen, die unterschiedliche Erklärungen für eine feste Entscheidung liefern, was in einigen Anwendungsfällen als Nachteil betrachtet wird. Ein Vorteil von LIME ist, dass die Vorgehensweise einfach in bestehende Programme integriert werden kann, da entsprechende Frameworks bereits existieren (Nguyen 2020; Ribeiro et al. 2016).

Als Anwendungsbeispiel wollen wir ein KI-Modell betrachten, das die Sterbe-wahrscheinlichkeit einer Patientin, abhängig von unterschiedlichen Faktoren, unter anderem ihrem Alter, ihren Vorerkrankungen und ihrer Fitness, vorhersagt. Angenommen, die vom KI-Modell vorhergesagte Sterbewahrscheinlichkeit für eine konkrete Patientin wäre 15 % und für dieses Ergebnis würde eine Erklärung gesucht werden, so könnte das KI-Modell auf weitere Patientinnen mit ähnlichen Voraussetzungen (z. B. ähnliches Alter, ähnliche Vorerkrankungen, ähnliche Fitness) angewendet und mit dem ursprünglichen Ergebnis verglichen werden. Genau auf der Grundlage von derartigen ähnlichen Ergebnisssen kann mit LIME nun ein lokales, vereinfachtes Modell erstellt werden, mit dem Erklärungen, wie z. B. Entscheidungs-grenzen, für konkrete Ergebnisse des Black-Box-Modells (immer bezogen auf einen bestimmten Bereich) abgeleitet werden. Beispielsweise könnte im individuellen Fall eine besonders gute körperliche Fitness zur Ausgabe einer geringeren Sterbewahr-scheinlichkeit beigetragen haben.

3.2 Surrogat- oder Stellvertretermodelle

Die Verwendung von Surrogat- oder Stellvertretermodellen ähnelt dem Ansatz von LIME. Hier wird ebenfalls ein vereinfachtes Modell erstellt, das das ursprüngliche Black-Box-Modell zum Zweck der Erklärungsgenerierung approximieren soll – allerdings hier in aller Regel im gesamten Datenbereich. Als Surrogatmodell können beispielsweise Entscheidungsbäume eingesetzt werden, deren Ergebnisse leicht nachvollzogen werden können. Surrogatmodelle können auf Grundlage von Paaren aus Ein- und Ausgabewerten erstellt werden, sodass die Art des zugrunde liegenden KI-Modells (z. B. neuronales Netz oder Bayes-Ensemble-Modell), wie auch bei LIME, nicht relevant ist. Bei einem Surrogatmodell handelt es sich immer nur um eine Approximation, deren Repräsentativität im Vergleich zum ursprünglichen Modell schwer messbar ist (Adadi/Berrada 2018; Danilevsky et al. 2020; Molnar 2019).

Als Beispiel könnte man sich ein KI-Modell vorstellen, das für einen Fahrrad-verleih die Anzahl der ausgeliehenen Räder vorhersagen soll. Die Menge hängt von vielen unterschiedlichen Faktoren ab, wie beispielsweise dem Wochentag, der Jahres-zeit und dem Wetterbericht. Entsprechend wurde ein komplexes, nicht leicht nach-vollziehbares KI-Modell entwickelt, das all diese Faktoren betrachtet. Um einzelne Entscheidungen erklären zu können, kann bei Bedarf ein zweites Modell erstellt werden, beispielsweise ein Entscheidungsbaum, der nicht in der Lage ist, die gesamte Komplexität des ursprünglichen Modells abzubilden, dafür aber leicht nachvollzogen werden kann. So können Einflüsse besonders ausschlaggebender Faktoren, wie bei-spielsweise des Wetterberichts, dank des Surrogatmodells identifiziert werden.

3.3 Erstellung von Saliency Maps

Erklärungsstrategien lassen sich hinsichtlich verschiedener Faktoren einteilen. Betrachtet man die Art der bereitgestellten Erklärung, werden insbesondere zur Erklärung der Entscheidungen neuronaler Netze oft bildhafte Darstellungen ver-wendet. Sollen beispielsweise Objekte auf Bildern erkannt und klassifiziert werden, so können unter Verwendung einer entsprechenden Methode die für die konkrete Klassifikation ausschlaggebenden Pixel oder Bereiche auf dem Ursprungsbild hervorgehoben werden. Diese Hervorhebungen werden auch als „Saliency Maps" bezeichnet. Saliency Maps können beispielsweise mit Methoden wie Integrated Gradients, Layer-wise Relevance Propagation (LRP) oder Gradient-weighted Class Activation Mapping (GradCAM bzw. CAM) erzeugt werden.

Bei der Methode Integrated Gradients wird eine neutrale Baseline (beispielsweise ein komplett schwarzes Bild) verwendet und eine Menge von Bildern „zwischen" dieser Baseline und dem Ursprungsbild erzeugt, die sich jeweils nur wenig von-einander unterscheiden (siehe Abb. 1).

Abb. 1. Ursprungsbild (unten rechts), Baseline (schwarzes Bild oben links) und interpolierte Bilder „zwischen" Baseline und Ursprungsbild. (Bild: Kraus)

Geht es nun darum, das Ergebnis einer konkreten Klassifikation eines neuronalen Netzes zu erklären, so wird nicht nur für das Originalbild, sondern für jedes der erzeugten Bilder ein Vorhersagewert berechnet. Über auffällige Änderungen dieses Wertes zwischen einzelnen Bildern und die anschließende Berechnung von Gradienten können Bildbereiche identifiziert werden, die besonders wichtig für das Klassifikationsergebnis waren. Die Methode Integrated Gradients gilt als industrieller Standard. Ein Nachteil ist jedoch, dass die Ergebnisse stark von der Wahl der Baseline abhängig sind und es nicht immer klar ist, wie diese am besten gewählt wird (Bhatt et al. 2019; Google 2020; Sundararajan et al. 2017).

3.4 Prototypen

Eine weitere Methode, die unabhängig vom konkreten KI-Modell eingesetzt werden kann, sind sogenannte Prototypen. Bei einer Klassifizierungsaufgabe werden für die einzelnen Klassen sogenannte Repräsentationen erstellt, die die für die jeweilige Klasse charakteristischen Merkmale enthalten. Abb. 2 zeigt beispielhaft Repräsentationen einzelner Ziffern für die Verarbeitung von Bilddaten.

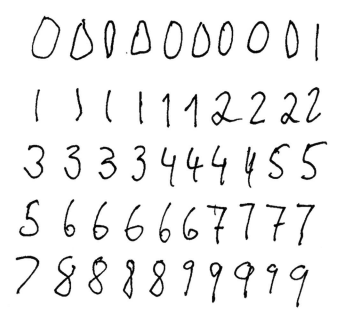

Abb. 2. Prototypen für die Klassifikation von Ziffern. (Bild: Kraus)

Soll nun eine Entscheidung eines KI-Modells erklärt werden, so kann das Ergebnis mit dem jeweiligen Prototyp verglichen und Übereinstimmungen können hervorgehoben werden. Die Anzahl der Prototypen kann je nach Anwendungsfall frei gewählt werden. Dies kann allerdings auch ein Nachteil sein, da nicht immer im Vorfeld klar ist, wie viele verschiedene Klassen sinnvoll sind (Barbalau et al. 2020; Li et al. 2017; Molnar 2019). Ein weiteres anschauliches Beispiel für die Anwendung von Prototypen findet sich auch im folgenden Abschnitt.

In der Literatur sind viele weitere Erklärungsstrategien zu finden, die für unterschiedlichste Voraussetzungen entwickelt wurden, z. B. hinsichtlich der Art des KI-Modells, des Typs oder der Dimensionalität der Daten. In der Praxis fehlt es teilweise noch an Best Practices, die bei der Auswahl einer geeigneten Methode für einen konkreten Anwendungsfall unterstützen würden, obwohl erste praktische Orientierungshilfen existieren, die diesen Prozess erleichtern (Kraus et al. 2021; Schaaf et al. 2021).

4 Anwendungen

Im vorherigen Abschnitt wurden ausschließlich etablierte Erklärungsstrategien beschrieben, die dabei helfen, individuelle Entscheidungen besser nachvollziehen zu können. In vielen Fällen reicht dies zumindest aus Sicht der Primäranwender der KI-Systeme aus.

Anwendungsbeispiele finden sich etwa in der Gesundheitswirtschaft, wenn Entscheidungsunterstützungssysteme dem medizinischen Personal helfen sollen, Auffälligkeiten in patientenbezogenen Datensätzen zu identifizieren. Zielgruppengerechte Erklärungen lassen sich etwa durch visuelle Hervorhebung bereitstellen.

Dies gilt insbesondere, falls Bild- oder Videodaten durch KI-gestützte Anwendungen verarbeitet werden. Mithilfe von KI-basierten Computer-Vision-Systemen können z. B. Pathologen unterstützt werden, das Risiko für Fehlentscheidungen bei der Tumorerkennung zu reduzieren, indem Bilder von Gewebedaten mithilfe neuronaler Netze auf Auffälligkeiten überprüft werden (Kraus et al. 2021). Dabei genügt es für eine Prüfung durch eine einschlägig geschulte Person *nicht,* dass das System nur einen numerischen Konfidenzwert bereitstellt, aus dem das medizinische Personal im Zweifel wenig Nutzen für eine Patientendiagnose ziehen kann. Eine gangbare Erklärungsstrategie ist stattdessen, die Bildbereiche für den Arzt hervorzuheben, die für die Klassifikation eines Tumors durch das KI-System maßgeblich waren. Für die Erstellung dieser Saliency Maps können Post-Hoc-Erklärungswerkzeuge, wie z. B. LRP, CAM, Integrated Gradients oder LIME verwendet werden.

Ein weiterer beispielhafter Anwendungsfall aus dem Gesundheitswesen ist die Analyse von Arztbriefen zur automatisierten Zuordnung von Krankheitsbildern oder zur Identifikation von ähnlichen Krankheitsverläufen (Kraus et al. 2021). Ein Arztbrief beinhaltet dabei eine Zusammenfassung der Krankengeschichte eines Patienten, z. B. zu erfolgten Untersuchungen und Symptomen. In schwierigeren Fällen wird auf die sogenannte Differentialdiagnose zurückgegriffen, was die Betrachtung möglicher Krankheitsbilder unter Berücksichtigung der Symptome und den Ausschluss von nicht relevanten Krankheitsbildern beinhaltet. Dabei können KI-Systeme das medizinische Personal unterstützen, möglichst sichere Diagnosen zu treffen, indem sie Vorschläge zu möglichen Krankheitsbildern machen – auf Basis einer Ähnlichkeitsanalyse von Arztbriefen, die in Textform vorliegen. Mithilfe von Verfahren des Natural Language Processing bzw. neuronaler Netze (Transformer Networks) können Arztbriefe analysiert werden. Um die Ähnlichkeitsanalyse jedoch für medizinisch geschulte Personen möglichst gut nutzbar zu machen, bietet sich hier die Erklärungsstrategie an, Prototypen anzulegen. Dazu wird für jede Krankheit ein Prototyp erstellt, der häufig auftretende Symptome enthält. Wird nun für einen konkreten Patienten das Krankheitsbild bestimmt, können anschließend die im zugehörigen Prototypen beschriebenen Symptome mit den Symptomen des Patienten abgeglichen und Gemeinsamkeiten dargestellt werden, um die Entscheidung des KI-Modells verständlicher zu gestalten. Diese Erklärungsgrundlage ermöglicht dem Arzt zu entscheiden, ob vorgeschlagene Krankheitsbilder aus medizinischer Sicht sinnvoll sind und in die Differentialdiagnose einfließen sollten.

Gleichzeitig ist die Akzeptanz der Primäranwender nicht immer ausreichend, um alle Anforderungen an Erklärbarkeit zu erfüllen. In regulierten Branchen wie der Gesundheitswirtschaft muss in der Regel auch ein Konzept für die zulassenden Behörden mit Bezug auf Aspekte wie Funktionssicherheit und die diesbezügliche Erklärbarkeit generiert werden, da dies das Risikomanagement tangiert. Inwiefern hier Nachweise in Bezug auf Entscheidungserklärungen ausreichen oder ob auch Modellwirkmechanismen nachvollziehbar gemacht werden müssen, ist in diversen regulierten Anwendungsbranchen in Bezug auf KI-Systeme nicht oder nicht zufriedenstellend geklärt (Kraus et al. 2021). Hier besteht in diversen Branchen noch großer Nachholbedarf. Insbesondere die Medizinprodukteverordnung ist in Bezug auf KI-gestützte Produkte noch ziemlich unklar. Es gibt jedoch im Gesundheitsbereich erste in Europa bzw. Deutschland zugelassene KI-basierte Computer-Vision-Systeme, die auf neuronalen Netzen beruhen. Dies zeigt, dass Zulassungsprozesse punktuell und unter gewissen Umständen bereits erfolgreich waren, auch wenn diese Computer-Vision-Systeme vermutlich „nur" Entscheidungserklärungen bereitstellen, was derzeit gemäß dem Stand der Technik möglich ist.

Die Anforderungen der Anwender an KI-basierte Entscheidungsunterstützungs-systeme können jedoch auch anders aussehen. Dies zeigt sich etwa bei typischen KI-Anwendungen im Zusammenhang mit Produktionsanlagen im Bereich Condition Monitoring bzw. Predictive Maintenance (Kraus et al. 2021). Stillstände von ent-sprechenden Apparaten und Maschinen führen häufig zu teuren Produktionsausfällen. Dies kann enormen wirtschaftlichen Schaden zur Folge haben. KI-basierte Frühwarn-systeme, die Fehlverhalten anzeigen oder nötige Wartungsarbeiten empfehlen können, verarbeiten zu diesem Zweck große Mengen an typischerweise numerischen Daten, die während des Anlagenbetriebs anfallen. Gleichfalls sind explizite Fehlercodes Grundlage für das Training der zugehörigen KI-Modelle. Aus Sicht der primären Zielgruppe, der Instandhaltungsteams, muss jedoch im realen Einsatz ein KI-System, das Anomalien im Maschinenverhalten erkennen soll, zuverlässig funktionieren. Ent-scheidungserklärungen können im Einzelfall wichtig sein, wenn ein Fehler schnell zugeordnet werden muss.

Häufig benötigen die Instandhaltungsteams jedoch die Möglichkeit, das Modell als Ganzes auf seine Zuverlässigkeit zu überprüfen. Wenn es sich bei dem Ausgangs-modell um ein Black-Box-Modell handelt, kann als Erklärungsstrategie ein Stellver-treter- oder Surrogatmodell in Frage kommen, das auf Basis des Ursprungsmodells und/oder realer Betriebsdaten erstellt wird. Wenn z. B. ein Entscheidungsbaum als Surrogatmodell verwendet wird, lassen sich Entscheidungsgrenzen und Zwischen-ergebnisse dieses Stellvertretermodells einfach und schnell interpretieren. Auch lassen sich sogar Modellwirkmechanismen des Surrogatmodels nachvollziehen. Dabei ist jedoch zu beachten, dass ein Stellvertretermodell natürlicherweise verschieden von dem Modell ist, das die Entscheidungen trifft. Folglich sind alle Erklärungen, die vom Stellvertretermodell abgeleitet werden, im eigentlichen Sinne nur gültig in Bezug auf das Surrogatmodell und nur in eingeschränktem Maße auf das Modell übertragbar, das die Entscheidung trifft.

In den Anwendungsbeispielen spielt Erklärbarkeit insbesondere für die KI-Entwicklungsteams sowie für die jeweiligen Domänenexpertinnen und -experten eine wichtige Rolle. Umfragen unter Brancheninsidern bestätigen dies auch bei branchenübergreifender Betrachtung (Kraus et al. 2021), wobei die Bedeutung von Erklärbarkeit in fünf bis zehn Jahren auch für Endkundinnen und -kunden, die Managementebene sowie interne und externe Prüferinnen und Prüfer steigen wird.

5   Zusammenfassung und Ausblick

Für die Bereitstellung von Entscheidungserklärungen existiert bereits eine umfangreiche Sammlung von Werkzeugen, die aufgrund von wissenschaftlichen Neuveröffentlichungen stetig erweitert wird. Gleichzeitig zeigen Befragungen von Fachleuten, dass diese Werkzeuge in der Regel nur für Personen mit entsprechender Expertise nutzbar sind und für Unternehmen verwertbare Best Practices heute häufig noch fehlen (Kraus et al. 2021). Praktische Orientierungshilfen für die Auswahl geeigneter Erklärungsstrategien für Einzelentscheidungen in Abhängigkeit u. a. von KI-Expertise, Datentyp und Laufzeit existieren jedoch bereits (Kraus et al. 2021; Schaaf et al. 2021).

Gleichzeitig existieren auch Anwendungsfälle, in denen die Erklärbarkeit von Einzelentscheidungen heute noch nicht ausreicht. Dies kann durch Kundenanforderungen oder eine entsprechende Regulierung begründet sein. Um KI-Anwendungen für solche Fälle bereitzustellen, ist es faktisch unvermeidlich, die Nachvollziehbarkeit von Modellwirkmechanismen zu ermöglichen. Andernfalls ist die Nichtzulassung oder die Nichtakzeptanz des Produktes durch den Markt ein enormes Risiko. Aus heutiger Sicht ist keine Entwicklung eines omnipotenten Post-hoc-Erklärungswerkzeuges absehbar, das für beliebige Black-Box-Ansätze wie z. B. tiefe neuronale Netze passende und quantitativ interpretierbare Modellerklärungen generieren könnte. Eine aussichtsreiche Forschungsausrichtung stellt daher die Hybridisierung von daten- und wissensgetriebenen Ansätzen dar, die White-Box- mit Black-Box-Komponenten kombinieren und eigenständig Erklärungen bereitstellen, falls die Nutzung von White-Box-Lösungen nicht in Frage kommt. Es existieren einzelne laufende Forschungsvorhaben, die solche hybriden Ansätze aktiv verfolgen (Kraus et al. 2021). Es ist jedoch noch zu untersuchen, auf welche Anwendungsgebiete sich diese aussichtsreichen Ansätze aus technischer Sicht übertragen lassen. Auch stellt die Berücksichtigung verhaltenswissenschaftlicher Aspekte, wie die Messbarkeit der Erklärungsgüte oder die automatisierte Erklärungsanpassung an Nutzende und selbstlernende Systeme, eine wichtige, jedoch sehr herausfordernde Aufgabe der Forschung dar, um die Erklärbarkeit von KI-Systemen langfristig zu verbessern (Kraus et al. 2021).

Klar ist aber, dass die Sicherstellung von Nachvollziehbarkeit bzw. Erklärbarkeit im Regelfall einen hohen Aufwand bei der KI-Systementwicklung bedeutet. Daher wird die praktische Umsetzung einer KI-Regulierung in den europäischen Mitgliedsländern − und entsprechend zu formulierende Anforderungen an Erklärbarkeit − einen enormen Einfluss auf die Zukunft des Forschungsfeldes nehmen.

Literatur

Adadi, A., Berrada, M.: Peeking inside the black-box: a survey on explainable artificial intelligence (XAI). IEEE Access **6**. https://ieeexplore.ieee.org/document/8466590 (2018). Zugegriffen: 14. Apr. 2021

Arrieta, A.B., Díaz-Rodríguez, N., Ser, J.D., Bennetot, A., Tabik, S., Barbado, A., García, S., Gil-López, S., Molina, D., Benjamins, R., Chatila, R., Herrera, F.: Explainable artificial intelligence (XAI): concepts, taxonomies, opportunities and challenges toward responsible AI. http://arxiv.org/pdf/1910.10045v2 (2019). Zugegriffen: 14. Apr. 2021

Barbalau, A., Cosma, A., Ionescu, R.T., Popescu, M.: A generic and model-agnostic exemplar synthetization framework for explainable AI. http://arxiv.org/pdf/2006.03896v3 (2020). Zugegriffen: 14. Apr. 2021

Bhatt, U., Xiang, A., Sharma, S., Weller, A., Taly, A., Jia, Y., Ghosh, J., Puri, R., Moura, J.M.F., Eckersley, P.: Explainable machine learning in deployment. http://arxiv.org/pdf/1909.06342v4 (2019). Zugegriffen: 14. Apr. 2021

Cremers, A.B., Englander, A., Gabriel, M., Hecker, D., Mock, M., Poretschkin, M., Rosenzweig, J., Rostalski, F., Sicking, J., Volmer, J., Voosholz, J., Voss, A., Wrobel, S.: Vertrauenswürdiger Einsatz von Künstlicher Intelligenz. Handlungsfelder aus philosophischer, ethischer, rechtlicher und technologischer Sicht als Grundlage für eine Zertifizierung von Künstlicher Intelligenz. https://www.iais.fraunhofer.de/content/dam/iais/KINRW/Whitepaper_KI-Zertifizierung.pdf (2019). Zugegriffen: 19. Nov. 2021

Danilevsky, M., Qian, K., Aharonov, R., Katsis, Y., Kawas, B., Sen, P.: A survey of the state of explainable AI for natural language processing. http://arxiv.org/pdf/2010.00711v1 (2020). Zugegriffen: 14. Apr. 2021

Datta, A., Sen, S., Zick, Y.: Algorithmic transparency via quantitative input influence: theory and experiments with learning systems. IEEE Symp. Secur. Priv. https://ieeexplore.ieee.org/document/7546525 (2016). Zugegriffen: 14. Apr. 2021

Google: AI explanations whitepaper. https://storage.googleapis.com/cloud-ai-whitepapers/AI%20Explainability%20Whitepaper.pdf (2020). Zugegriffen: 1. Febr. 2021

Kawaguchi, K.: Deep learning without poor local minima. http://arxiv.org/pdf/1605.07110v3 (2016). Zugegriffen: 14. Apr. 2021

Kraus, T., Ganschow, L., Eisenträger, M., Wischmann, S.: Erklärbare KI – Anforderungen, Anwendungsfälle und Lösungen. Herausgeber: Institut für Innovation und Technik. https://www.digitale-technologien.de/DT/Redaktion/DE/Downloads/Publikation/KI-Inno/2021/Studie_Erklaerbare_KI.html (2021). Zugegriffen: 13. Aug. 2021

Lapuschkin, S., Wäldchen, S., Binder, A., Montavon, G., Samek, W., Müller, K.-R.: Unmasking Clever Hans predictors and assessing what machines really learn. Nat. Commun. **10**(1), 1096 (2019)

Li, O., Liu, H., Chen, C., Rudin, C.: Deep learning for case-based reasoning through prototypes: a neural network that explains its predictions. http://arxiv.org/pdf/1710.04806v2 (2017). Zugegriffen: 14. Apr. 2021

Lipton, Z.C.: The mythos of model interpretability. http://arxiv.org/pdf/1606.03490v3 (2016). Zugegriffen: 14. Apr. 2021

Molnar, C.: Interpretable machine learning. A guide for making black box models explainable. https://christophm.github.io/interpretable-ml-book/ (2019). Zugegriffen: 19. Nov. 2021

Nguyen, D.: Explain your ML model predictions with local interpretable model-agnostic explanations (LIME). https://medium.com/xebia-france/explain-your-ml-model-predictions-with-local-interpretable-model-agnostic-explanations-lime-82343c5689db (2020). Zugegriffen: 15. Febr. 2021

Ribeiro, M.T., Singh, S., Guestrin, C.: "Why should I trust you?": explaining the predictions of any classifier. http://arxiv.org/pdf/1602.04938v3 (2016). Zugegriffen: 14. Apr. 2021

Schaaf, N., Wiedenroth, S.J., Wagner, P.: Erklärbare KI in der Praxis: Anwendungsorientierte Evaluation von xAI-Verfahren. Herausgeber: Marco Huber; Werner Kraus. https://www.ki-fortschrittszentrum.de/de/studien/erklaerbare-ki-in-der-praxis.html (2021). Zugegriffen: 14. Apr. 2021

Sundararajan, M., Taly, A., Yan, Q.: Axiomatic attribution for deep networks. http://arxiv.org/pdf/1703.01365v2 (2017). Zugegriffen: 14. Apr. 2021

Nachweislich eine gute Entscheidung: Qualitätssicherung für künstlich-intelligente Verfahren in der Industrie

Annelie Pentenrieder(✉), Ernst A. Hartmann, und Matthias Künzel

Institut für Innovation und Technik in der VDI/VDE Innovation + Technik GmbH, Berlin, Deutschland

{pentenrieder,hartmann,kuenzel}@iit-berlin.de

Zusammenfassung. Welche Arten von Künstlicher Intelligenz (KI) sollen in europäischen Industrieunternehmen eingeführt und genutzt werden? Wie kann es gelingen, europäisch-demokratische Werte wie Mitbestimmung, Transparenz, Widerspruchsmöglichkeit und Anpassungsfähigkeit für die Nutzung von KI-Technologien zu gewährleisten? Diese Fragen werden aktuell unter den Debatten um erklärbare KI und KI-Zertifizierung verhandelt. Der folgende Beitrag legt an einem konkreten Fallbeispiel aus der Industrie die ALTAI-Kriterien an, die von der High Level Expert Group für die Gestaltung „vertrauenswürdiger KI" formuliert wurden. Entlang der drei ausgewählten Kriterien „Menschliches Handeln und Aufsicht", „Transparenz" und „Robustheit" wird exemplarisch skizziert, wie Erklär- und Kontrollierbarkeit KI-basierter Verfahren im industriellen Arbeitsumfeld zunehmend umgesetzt und prüfbar gemacht werden können. Es zeigt sich, dass technische Benutzeroberflächen als Teamarbeit gestaltet werden müssen und dass die Zusammenarbeit unterschiedlicher Unternehmen in der Bereitstellung von Datensätzen und Algorithmen im Fokus einer Prüfung stehen muss (Software-Genese). Als mögliches Handlungsfeld werden Auditing-Verfahren vorgestellt.

Schlüsselwörter: Erklärbare KI · KI-Zertifizierung · Partizipative Technikgestaltung

1 Bedarfe und Herausforderungen für nachweislich erklär- und kontrollierbare künstlich-intelligente Systeme in der Industrie

Verfahren Künstlicher Intelligenz (KI) erfordern in ihrer aktuellen Nutzung ein hohes Maß an Vertrauen, da die Nachvollziehbarkeit ihrer technischen Prozesse eine große Herausforderung darstellt. Sowohl die adaptive (selbstlernende) Beschaffenheit von Algorithmen, deren Logiken sich nicht direkt erschließen, als auch die in zahlreichen Schritten überarbeiteten Datensätze, die die Grundlage moderner KI-Verfahren bilden, erschweren eine Nachvollziehbarkeit. In vielen kritischen Einsatzsituationen – wie etwa in der industriellen Fertigung – kann ein solches Vertrauen nicht erbracht werden. Die Nutzung KI-basierter Systeme ist damit noch immer ein Risiko, da

E. A. Hartmann (Hrsg.): *Digitalisierung souverän gestalten II*, S. 51–63, 2022.
https://doi.org/10.1007/978-3-662-64408-9_5

durch technische Fehlentscheidungen, die nicht nachvollzogen werden können, hoher Schaden für die Unternehmen entstehen kann.

Insbesondere für moderne KI-Verfahren (wie das maschinelle Lernen) sind Verfahren zur Qualitätssicherung bisher nicht ausreichend etabliert, weder für die Überprüfung durch geschultes Fachpersonal im Unternehmen selbst noch für die Kontrolle durch außenstehende Prüfstellen. Zwar sieht die europäische Datenschutz-Grundverordnung (DSGVO) bereits Transparenzpflichten für komplexe Algorithmen vor, in der Praxis müssen jedoch erst Wege für die Umsetzung dieser rechtlichen Anforderungen gefunden werden. Zunehmend werden Erklärungsmodelle für künstlich-intelligente Systeme erforscht und erprobt (vgl. Kapitel Anforderungen, Anwendungen und Lösungsansätze erklärbarer Künstlicher Intelligenz von Kraus und Ganschow in diesem Band), doch auch diese erfordern noch immer ein hohes Expertenwissen und eignen sich darum selten für eine externe Überprüfung. Bisher gibt es nur wenige Modellprojekte, die in Zukunft einer unabhängigen Zertifizierungsstelle oder auch Fachpersonal ohne Informatik-Expertise dienen könnten.[1] Für eine generelle Debatte zur erklärbaren KI bleibt die Frage zu beantworten, an welchen technischen Details und für welche Nutzerschaft eine Erklärbarkeit konkret ausgearbeitet werden soll.

Aktuell werden Ansätze zur Erklärbarkeit verstärkt in der Informatik und in den Ingenieurwissenschaften erarbeitet (siehe Bundesministerium für Wirtschaft und Energie, Kraus, T. et al. (2021)) und weniger in interdisziplinären Forschungsprojekten, die eine soziologisch und psychologisch informierte Nutzer- und Organisationsforschung einbinden. Es zeichnet sich jedoch ab, dass ein interdisziplinärer Ansatz für nachweisbare Erklär- und Kontrollierbarkeiten sehr gewinnbringend wäre, da die notwendigen Erklärungen, um Vertrauen zu schaffen, nicht allein im technischen Verständnis liegen. Auch manche sozialen und organisatorischen Bedingungen, in denen die Technologie heute entwickelt und angewandt wird, müssen für eine Nachvollziehbarkeit strukturell offengelegt werden.

Diese Bedingungen stehen im Fokus des folgenden Beitrags: Um KI-Systeme konstruktiv erklären und kontrollieren zu können, bedarf es einer Untersuchung, wie Entwicklung, Training, Konfiguration und Anwendung KI-basierter technischer Verfahren heute organisiert sind und welche interdisziplinären Analysen notwendig sind, um zentrale Stellen im Entwicklungsprozess ausfindig zu machen, die diejenigen kennen sollten die die Software nicht gestaltet haben, aber diese nutzen, prüfen oder kontrollieren müssen.

---

[1] Das Projekt des Fraunhofer IPA „Slem", https://www.slem-projekt.de/, zuletzt abgerufen am 3. August 2021, der Sonderforschungsbereich/Transregio der Universität Paderborn „Constructing Explainability", https://trr318.uni-paderborn.de/, zuletzt abgerufen am 3. August 2021, und das Projekt des Fraunhofer IIS „TraMeExCo", https://www.iis.fraunhofer.de/de/ff/sse/machine-learning/transparent-medical-expert-companion.html, zuletzt abgerufen am 3. August 2021, erforschen „erklärbare KI" interdisziplinär und nutzerzentriert. Insbesondere in Paderborn ist diese Interdisziplinarität deutlich im Fokus. Es sind die Fächer Linguistik, Psychologie, Medienwissenschaft, Soziologie, Wirtschaftswissenschaft und Informatik beteiligt.

2 Kategorien für die Prüfbarkeit von KI-Systemen

Damit KI durch unabhängige Dritte, z. B. im Rahmen von Zertifizierungen geprüft werden kann, muss sie erklär- und kontrollierbar gemacht werden. Erklärbarkeit bedeutet in diesem Kontext, inwieweit das System in der Lage ist, für die (typischen) Nutzer:innen (vgl. dazu auch das Kapitel „Humanzentrierte künstliche Intelligenz" von Wirth et al. in diesem Band) verständliche Erklärungen bestimmter Ergebnisse seiner informationsverarbeitenden, algorithmischen Prozesse bereitzustellen bzw. auch die grundlegende Logik dieser Prozesse verständlich zu machen (das Wie und Warum). Die Erklärbarkeit künstlich-intelligenter Systeme wird bereits seit Längerem in der Informatik und verwandten Disziplinen intensiv diskutiert (Confalonieri et al. 2021).

Die Kontrollierbarkeit hingegen geht einen Schritt weiter und bezieht sich auf die Möglichkeiten der Nutzer:innen, in einem von künstlich-intelligenten Systemen geprägten Arbeitsumfeld qualitativ unterschiedliche Handlungsziele, -wege und -schritte zu wählen, wobei die einzelnen Wege möglichst sicher zu den jeweiligen Zielen führen sollen. Eine Änderung der Prozessschritte zur Erreichung bestimmter Ziele muss dem Nutzenden durch das Technikdesign ermöglicht werden. Die zugrunde liegenden Konstrukte der Handlungsregulation und der Kontrolle stammen aus der Arbeits- und Ingenieurpsychologie (Oesterreich 1981; Hartmann 2020). Beide Aspekte werden im folgenden Beitrag am konkreten Einsatz einer KI-Technologie in der Industrie auf ihre Ermöglichung hin geprüft (vgl. dazu auch den Beitrag von Hartmann in diesem Band).

Zur Prüfung der Umsetzbarkeit der Erklär- und Kontrollierbarkeit (ggf. auch für eine zukünftige Zertifizierung) wird für die Analyse des Praxisbeispiels die Bewertungsliste ALTAI (The Assessment List for Trustworthy Artificial Intelligence) herangezogen. Die High-Level Expert Group on Artificial Intelligence der Europäischen Kommission hat darin sieben Kategorien für die Vertrauenswürdigkeit von künstlich-intelligenten Systemen aufgestellt (Stix 2020). Unternehmen können anhand der Liste ihre KI-Produkte selbst auf Vertrauenswürdigkeit hin überprüfen. Die Bewertungskriterien fordern unter anderem, dass menschliches Handeln und Aufsicht in die Prozesse integrierbar sein müssen, dass die technische Robustheit und Sicherheit von KI-Systemen gewährleistet werden und dass Transparenz auf verschiedenen Ebenen angeboten wird (Stix 2020). Diese drei Kategorien „Robustheit", „Transparenz" und „Menschliches Handeln und Aufsicht" werden im Folgenden auf das Praxisbeispiel angewendet und dabei gleichzeitig weiterentwickelt.

Ein weiterer Kriterienkatalog, der für KI-Systeme in der Industrie relevant sein könnte, ist der Kriterienkatalog, den Kraus et al. (2021) auf Basis von Arrieta et al. 2019 zu acht übergeordneten Zielen, die eine Erklärbarkeit ermöglichen sollen, zusammenfasst. Eine nachweisbare Erklärbarkeit soll dabei unter anderem „Kausalitätsbeziehungen plausibilisieren", „Informationsgewinn erhöhen", „Konfidenz bestimmen", „Interaktionsmöglichkeiten verbessern" und „Verantwortlichkeiten klären". (Bundesministerium für Wirtschaft und Energie, Kraus et al. 2021: 16) Wenngleich Erklärbarkeit je nach Anwendungsfall eines KI-Verfahrens immer wieder neu gestaltet werden muss, bieten solche Kriterien die Möglichkeit, Übertragbarkeiten zu testen (Bundesministerium für Wirtschaft und Energie, Kraus et al.

2021: 16) und zwischen den empirischen Befunden der Einzelfälle zu vermitteln. Als Initiative in dieser Sache ist zudem die KI-Normungsroadmap des Deutschen Instituts für Normung zu nennen sowie die Initiative des Fraunhofer-Instituts für Intelligente Analyse- und Informationssysteme IAIS und des Bundesamtes für Sicherheit in der Informationstechnik, die aktuell Zertifizierungsansätze für KI-Systeme entlang konkreter Use Cases auf ihre Praxistauglichkeit testen (Deutsches Institut für Normung 2020; Fraunhofer IAIS 2021).

3   KI-Szenario in der Industrie: Fehlererkennung an Metallteilen

In diesem Abschnitt wird die Verwendung eines KI-Verfahrens in der Industrie vorgestellt und im Anschluss anhand der ALTAI-Kriterien „Robustheit", „Transparenz" und „Menschliches Handeln und Aufsicht" geprüft. Es handelt sich um ein fiktives Szenario, das aus Einblicken in die aktuelle Praxis unterschiedlicher Unternehmen zusammengestellt wurde. Die Grundlage der Szenario-Beschreibung und seiner anschließenden Analyse bilden in 2019 durchgeführte Arbeitsplatzstudien bei fünf Unternehmen im metallverarbeitende Gewerbe und einer begleitenden Literaturrecherche. Ein Teil der Unternehmen erprobt bereits prototypische KI-Verfahren in einzelnen Prozessen, der andere Teil der Unternehmen sieht zwar das Potenzial von KI-Verfahren für einzelne Prozessschritte, benennt aber ebenso auch die Herausforderungen aktueller KI-Technologien für die Umsetzung in der Praxis. Diese Erfahrungsberichte machen die organisatorischen und technischen Neuheiten von KI als Technologie in der Praxis deutlich. Durch die Synthese der Erfahrungen zu einem Fall kann geprüft werden, an welchen Stellen Erklär- und Kontrollierbarkeiten mitgedacht werden müssen und wo eine Zertifizierung Transparenz – und damit Qualitätssicherung – in KI-Verfahren einbringen könnte.

Das mittelständische Metallverarbeitungsunternehmen „Round" liefert Metallteile für die Luft- und Raumfahrt. Aufgrund seiner hohen Risiken ist dieser Industriezweig stark reglementiert und zertifiziert – jeder Bearbeitungsschritt muss nachvollziehbar und transparent sein, um eine lückenlose Qualitätssicherung zu ermöglichen. Das Unternehmen plant den Einsatz eines maschinellen Lernverfahrens zur Fehlererkennung. An den Metallteilen sollen dünne Risse, Einkerbungen oder Dellen erkannt werden, die mit bloßem Auge kaum zu sehen sind. Eine Herausforderung für das Unternehmen ist, dass auch beim Einsatz dieses neuen Verfahrens externe Prüfer:innen eine Qualitätssicherung durchführen können sollen und dass auch die eigenen Facharbeiter:innen, die das neue Tool nutzen, die KI-basierte Fehlererkennung mit ihrer eigenen Erfahrung überprüfen können sollen. Für das Unternehmen ist klar, dass die KI-Technologie in diesem kritischen Verfahrensschritt nur eine Ergänzung und kein Ersatz menschlicher Überprüfung sein kann. Eine Erklärbarkeit, die sich direkt an die Maschinennutzer:innen richtet, ist darum essenziell. Eine vollautomatisierte Weiterleitung anscheinend fehlerfreier Metallteile wird auch in Zukunft beim Unternehmen „Round" nicht erfolgen.

Es arbeitet darum an der Erklärbarkeit dieses KI-basierten Systems. An den maschinellen Lernverfahren ist neu, dass Algorithmen auf Basis einer selbsttätigen

Mustererkennung aus vorhandenen Datensätzen hervorgehen, anstatt als regelbasierte Rezepte von Entwickler:innen selbst geschrieben zu werden, wie es in vorherigen KI-Generationen der Fall war. Dadurch verändern sich die Berechnungslogiken stetig und sind nicht ohne Weiteres nachzuvollziehen (vgl. Pentenrieder 2020: 32). Die Verfahren (v. a. neuronale Netze) sind zudem „vielschichtig und verflochten. […] Modelle reproduzieren Muster und Strukturen aus einer limitierten Datengrundlage", deren Logiken die darauf aufbauenden Entwickler:innen nicht kennen (Mangelsdorf et al. 2021: 1).

Aus Sicht der Produktionsleitung bietet das maschinelle Lernverfahren jedoch den Vorteil, „Toleranz" in die Fehleranalyse einzubringen, was bedeutet, dass die KI Fehler erkennen könnte, die alte Bildverarbeitungen nicht erkannt haben, und ggf. auch auf neue Fehlersystematiken hinweisen kann, von denen auch langjährig erfahrene Facharbeiter:innen lernen könnten. Aktuell erkennt das Trainingsmodul vier verschiedene Geometrien und acht verschiedene Sorten von Metallteilen. Mit diesem neuen Verfahren könnten dann auch Metallteile für unterschiedliche Zwecke gleichzeitig in einer Verarbeitungsschiene bearbeitet werden.

4   Das KI-Beispiel entlang der ALTAI-Kriterien

In diesem Abschnitt werden die ALTAI-Kriterien „Robustheit", „Transparenz" und „Menschliches Handeln und Aufsicht" skizzenhaft auf das Praxisbeispiel der KI-basierten Fehlererkennung angewendet. Aus dem Transfer der EU-Kriterien in die Praxis werden anschließend weitere Handlungsbedarfe abgeleitet.

4.1   Robustheit: Training des neuronalen Netzes im Team

Das Unternehmensteam, das das maschinelle Lernverfahren implementiert und betreut, besteht aus dem Instandhaltungsleiter, einer Bachelor-Studentin und einem Roboter-programmierer. Sie haben Bilder von Fehlern in Metallteilen gesammelt und für das Training aufbereitet. Mithilfe der eigenen Arbeitserfahrung haben sie die Bilder der Metallteile manuell mit Labeln wie „Das ist ein Fehler" und „Das ist kein Fehler" versehen („Annotierung"). Über die Label werden Fehlermerkmale festgeschrieben, die bestimmte Abhängigkeiten im neuronalen Netz erzeugen. Das Team „trainiert" damit die Mustererkennung im neuronalen Netz. Ziel ist es, dadurch auch neue Fehlertypen, die das System bisher noch nicht gesehen hat, identifizieren zu können.

Außerdem testet das Team entlang verschiedener Parameter, ob das Netz adäquat funktioniert und betreibt damit „Netzpflege". Dazu verändern sie etwa die Beleuchtung, um zu prüfen, wie robust die Fehlererkennung auch bei dunklen Abbildungen funktioniert. Zudem verwenden sie Bilder mit unterschiedlicher Bildqualität, um bewusst Störungen in den Testdaten zu erzeugen und anschließend die Effekte der Störungen überprüfen zu können. Auch grenzen sie den Suchbereich, in dem die Fehler identifiziert werden sollen, immer wieder neu ein, um zu analysieren, wo ein bestimmter Fehler besonders häufig vorkommt. Zwar gibt es zum Thema technische Robustheit auch informatische Verfahren, die die Robustheit der Algorithmen gewährleisten. Diese Handarbeit in der Annotierung und Netzpflege ist jedoch ein Beispiel, wie auch mittels organisationaler Maßnahmen die Robustheit der Technik gewährleistet wird – in diesem Fall damit, dass die Annotierung vom eigenen Team mit gutem Domänenwissen durchgeführt wird. Das System wird hinsichtlich seiner Belastbarkeit überprüft, insbesondere wie robust es gegenüber Veränderungen reagiert (ALTAI 2021: 9). Dies wird im ALTAI-Katalog als Kriterium zur „Robustheit des technischen Systems" gefordert.

> „Technische Robustheit erfordert," so die Übersetzung aus dem ALTAI-Programm, „dass KI-Systeme mit einem präventiven Ansatz für Risiken entwickelt werden und dass sie sich zuverlässig und wie vorgesehen verhalten, während unbeabsichtigte und unerwartete Schäden minimiert und nach Möglichkeit verhindert werden. Dies sollte auch im Falle möglicher Veränderungen in ihrer Betriebsumgebung oder der Anwesenheit anderer Agenten (menschlich oder künstlich) gelten." (ALTAI 2021: 9).

Will man technische Robustheit nicht nur technisch sondern auch organisatorisch gewährleisten, dann muss diese Technik auch funktionieren, wenn andere Kolleg:innen des Teams das System nutzen und die Ergebnisse der Fehleranalyse ggf. anders interpretieren. Das Team, das die KI im Unternehmen implementiert, hat darum die Aufgabe, über das eigene Wissen um die KI hinaus auch bei den Kolleg:innen ein Bewusstsein für die Hintergrundarbeiten am neuronalen System zu erzeugen. Für die Benutzeroberfläche wurde darum ein Design gewählt, das die manuellen Annotierungen (Erstellung der Label) des KI-Teams von den Labeln unterscheidet, die über das neuronale Netz erstellt wurden. Grün werden Schäden markiert, die von Hand identifiziert und markiert wurden. In Orange bzw. Gelb werden Schäden markiert, die entsprechend der Berechnungen des neuronalen Netzes mit einer Wahrscheinlichkeit von 96 bzw. 90 % ein Schaden sein könnten. Durch diese farbliche Unterscheidung kann eine Fachkraft, die die erkannten Schäden später auf ihre Relevanz überprüft, plausibilisieren, ob die Empfehlung auf einer menschlichen oder auf einer berechneten Vorleistung basiert. Diese farblichen Markierungen tragen nicht nur zur Robustheit bei, sondern zugleich zur Transparenz und Nachvollziehbarkeit, weil deutlich wird, welche Urteile woher kommen (Mensch oder Algorithmus).

An diesem Aspekt zeigt sich, dass die selbstlernende Adaptivität, die das neuronale Netz bei der Fehlererkennung hat, neue Gestaltungsformen erfordert, um Robustheit, Transparenz und Nachvollziehbarkeit bei einem KI-basierten Automatisierungsschritt an Mensch-Maschine-Schnittstellen zu gewährleisten. Da die Prozesse dynamisch (selbstlernend) sind, ist auf eine ganz neue Weise zu klären, was informierte Maschinenbediener:innen über die zugrunde liegenden Mechanismen in der Software (organisatorisch, technisch etc.) wissen müssen, um im Fehlerfall („War es nur Schmutz oder doch ein Riss?") die Empfehlung des neuronalen Netzes kontrollieren und anpassen zu können. Gerade bei KI-Empfehlungen ist es eine große Herausforderung, dass mit größerer Korrektheit (das System liegt zu 96 % und 90 % richtig) Fehler immer schwieriger nachzuvollziehen sind und damit auch der beherzte Eingriff sowie die instantane Problemlösung der Fachkraft immer schwieriger werden. Um diese anspruchsvolle Handlungsfähigkeit von KI-Nutzenden zu gewährleisten, müssen organisationale Strukturen für die Endnutzer:innen offengelegt werden. Die Abb. 1 zeigt die Organisationsstruktur, die einer KI zugrunde liegen kann. Im Zentrum steht die „Interpretation" der Fachkraft, die mit Blick auf das „statistische Modell" eine

Entscheidung trifft (z. B. die Auswahl eines fehlerfreien Metallteils). Wie bei anderen komplexen Techniksystemen sind auch bei KI-Verfahren zahlreiche Vorarbeiten zur Bereitstellung von Daten und Algorithmen beteiligt (siehe orangene Karten).

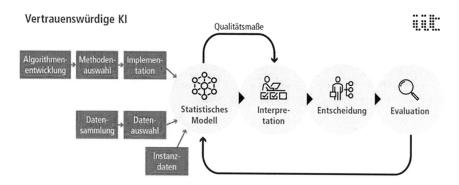

Abb. 1. Vertrauenswürdige KI. Basierend auf einem Vortrag von Katharina Zweig (2020) zur Rückverfolgung eines Unfalls durch KI beim autonomen Fahren. (Eigene Darstellung in Anlehnung an den Vortrag von Frau Zweig)

Über die in Abb. 1 dargestellten organisatorischen Prozessschritte sollte sich die Fachkraft, die eine KI nutzt, informieren können, um ihren Handlungsspielraum ausweiten zu können, z. B. flexibel bei Fehlern eingreifen zu können und Anpassungen zu veranlassen, wenn das System nicht adäquat funktioniert. Entlang der organisationalen Strukturen muss rekonstruiert werden können, wie das System dazu kommt, einen Riss oder einen Fehler zu erkennen und welche Prozessparameter eine Auswirkung auf das Ergebnis haben. Dies ist ein iterativer Prozess, in dem die wesentlichen Aspekte nur mit den Nutzenden gemeinsam identifiziert werden können.

4.2 Transparenz: Softwaregenese als entscheidender Faktor für Erklärbarkeit am Beispiel der Unternehmen „Round", „Square" und „Line"

Unter Transparenz fassen die ALTAI-Kriterien drei Aspekte: Rückverfolgbarkeit (Traceability), Erklärbarkeit (Explainability) und die offene Kommunikation über die Grenzen des KI-Systems (ALTAI 2021: 14). Das Praxisbeispiel zeigt, dass diese drei Aspekte auch eng an die Gewährleistung technischer Robustheit gekoppelt sind. Es ist eine Herausforderung, den Endnutzer:innen die in Abb. 1 dargestellten organisatorischen Zusammenhänge so zu erklären, dass sie diese entlang ihrer Erfahrung abwägen können: Wer kann die Frage beantworten, warum an einem Blech ein Fehler nicht erkannt wurde, den eine Fachkraft bei der Qualitätssicherung identifiziert hat? Wie findet die Fachkraft den wesentlichen Ansprechpartner, um Feedback geben zu können, um den Fehler in das Software-Programm zu integrieren? Wer trägt die Verantwortung im Schadensfall?

Im Beispiel des fiktiv konstruierten Unternehmensfalls erschwert ein weiterer organisatorischer Aspekt die Herstellung von Transparenz: Das Unternehmen erstellt nicht nur selbst Trainingsdaten, sondern kauft diese auch von anderen Unternehmen ein. Erste Trainingsdaten und vortrainierte Algorithmen hat das mittelständische Metallverarbeitungsunternehmen „Round" beim Software-Unternehmen „Line" gekauft und in das eigene System übernommen. Aktuell wird die eingekaufte Software von einem weiteren Unternehmen namens „Square" auf die Bedarfe von „Round" angepasst. Dabei wird beispielsweise die Fehleranfälligkeit der Software justiert, denn im eingekauften System könnte das neuronale Netz Fehler gelernt haben, die für die Metallteile von „Round" keine Rolle spielen.

Damit waren drei Unternehmen zu unterschiedlichen Zeiten an der Konstruktion der Software bzw. bei der Erhebung von Daten und der Erzeugung der adaptiven Algorithmen beteiligt. Das Software-Unternehmen „Line" entwickelte das KI-Modul und lieferte damit die Grundsoftware, doch auch sie hatten bereits Teile der Software von einem Start-up zuvor aufgekauft. Das Metallverarbeitungsunternehmen „Round" beauftragte wiederum das Unternehmen „Square", das die Software auf die benötigten Bedarfe anpasst und die Software bei „Round" in Betrieb nimmt. Eine solche Beteiligung unterschiedlicher Unternehmen zeigt, dass nicht nur vielfältige Bearbeitungsschritte, sondern auch unterschiedliche, an der Bearbeitung beteiligte Unternehmen in die Prüfung miteinbezogen werden müssen. Um eine Qualitätssicherung zu ermöglichen und die Fehlerursachen später konkret zurückverfolgen zu können, muss darum ein wesentlicher Fokus auf die Softwaregenese gelegt werden – also auf die Entwicklung und Entstehung von Software. Gerade im maschinellen Lernen werden die Daten, aus denen wertvolle Informationen extrahiert werden sollen, vielfach umgearbeitet, an unterschiedlichen Stellen, zu unterschiedlichen Zwecken und in unterschiedlichen Unternehmen erhoben und neu kombiniert (zum Beispiel bei Firmenübernahmen oder beim Kauf von Datensätzen). Nicht nur Daten werden dabei in unterschiedlichen Kontexten verwendet, sondern auch die Algorithmen werden auf sog. „legacy code"[2] aufgebaut und in verschiedenster Weise kombiniert.

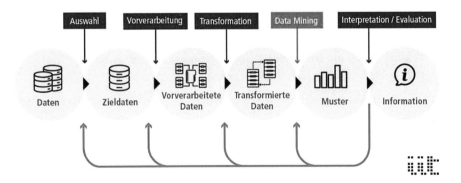

Abb. 2. Interpretierbarkeit von KI. (Eigene Darstellung basierend auf Cynthia Rudin 2019)

---

[2] Programmcode, der in der Regel älter und historisch gewachsen ist anstatt geplant erstellt. Der Code erfüllt seine Funktion, kann aber häufig nicht überprüft werden, weil Kommentare oder Spezifikationen von den vorherigen Programmierer:innen fehlen.

Die Grafik in Anlehnung an Cynthia Rudin zeigt die vielschrittigen Umarbeitungs-prozesse, die aus Daten schlussendlich „Informationen" machen.[3] Zunächst werden aus Datensätzen jene „Zieldaten" ausgewählt, die für eine konkrete Aufgabe Relevanz haben und einen Mehrwert bieten könnten. Diese werden anschließend „vorver-arbeitet", „transformiert" bzw. bereinigt (siehe Abb. 2), sodass „Muster" abgeleitet werden können, die für die konkreten Aufgaben einen Informationsgehalt bieten. Im Beispiel der Fehleranalyse von Metallteilen könnte eine solche Rückverfolgung not-wendig sein, wenn Fehler auf Basis gelernter Daten entstehen, weil die Spezifika des Blechteils, das analysiert werden soll, andere Spezifika sind als die des Materials, auf denen die Lernverfahren trainiert wurden.

4.3 Menschliches Handeln und Aufsicht: Auditing für KI-Software

Eine nutzerzentrierte Gestaltung der (wie in Abschn. 4.1. dargestellt) ermöglicht, dass Fachkräfte kritische, reflektierte und unabhängige Entscheidungen in der Nutzung komplexer Technologien treffen können. Vorab getroffene Entscheidungen von anderen Teammitgliedern werden sichtbar und können reflektiert und diskutiert werden. Auch Haftungsfragen lassen sich im Schadensfall besser behandeln. Eine derartige Gestaltung der Benutzeroberfläche adressiert auch das ALTAI-Kriterium „Menschliches Handeln und Aufsicht". Das Kriterium gibt vor, dass der Ent-scheidungsprozess menschlicher Akteure von KI-Technologien nicht übernommen, sondern lediglich unterstützt werden soll (ALTAI 2021: 7). Für die Nutzenden muss sichtbar sein, dass eine Entscheidung von einem System und nicht von einem Menschen getroffen wurde. Die farbliche Unterscheidung zwischen menschlichen und KI-erzeugten Labeln macht dies im Ansatz kenntlich. Eine weitere Heraus-forderung besteht jedoch auch im dargestellten Beispiel und zwar wie das übermäßige Vertrauen – „Did you put in place procedures to avoid that endusers over-rely on the AI system?" (ebd.) – verhindert wird; dieses übermäßige Vertrauen wird hier als wesentliche Bedrohung menschlicher Autonomie verstanden. Hier sind zusätzliche Maßnahmen erforderlich.

Neben der Handlungsfähigkeit der Fachkraft fordert dieses Kriterium auch die Möglichkeit einer Auditierung KI-basierter Systeme. Eine Methode zur standardisierten Überprüfung erklärbarer und kontrollierbarer KI-Verfahren ist das „Algorithmische Auditing" (Chiusi 2021: 13). Mit unabhängigen Audits werden Ver-antwortungsgefüge offengelegt, sodass trotz des komplexen vernetzten Handelns, auf dem eine KI-Empfehlung basiert, eine Qualitätssicherung möglich ist. Bis dato gibt es noch keine ausgereiften Vorschläge, so schreibt es auch der Report „Automating Society" (Chiusi 2021, S.13). Lediglich in einer Fußnote nennen die Autor:innen des Reports erste Aspekte, die zur Entwicklung zukünftiger Auditverfahren dis-kutiert werden müssen (ebd.). Zunächst müssen Prüf- und Auditkriterien entwickelt werden, um daraufhin systematische, unabhängige und dokumentierbare Prozesse ausformulieren zu können. Die ALTAI-Kriterien können eine Grundlage solcher

---

[3] https://www.youtube.com/watch?app=desktop&v=I0yrJz8uc5Q&ucbcb=1, zuletzt abgerufen am 7. Juni 2021.

Auditkriterien sein. Zu klären ist weiterhin die Frage, zu welchem Zeitpunkt der Softwareentwicklung ein Auditverfahren ansetzen sollte: ex ante in der Design- und Entwicklungsphase oder ex post in der Betriebsphase. In jedem Fall sollten Auditanforderungen bereits frühzeitig in der Entwicklung algorithmischer Systeme Berücksichtigung finden, um ein Technikdesign zu gewährleisten, das überhaupt prüf- fähig ist (ebd.).

Jedenfalls müssen die unmittelbaren Nutzer:innen über die Ergebnisse solcher Auditverfahren informiert sein, idealerweise werden sie beim Auditverfahren beteiligt. Auf diese Weise haben sie die Möglichkeit, die Fähigkeiten des KI-Systems und deren Grenzen realistisch einzuschätzen und übermäßiges Vertrauen zu ver- meiden.

Am Beispiel der KI-basierten Fehlererkennung ist zu sehen, dass gerade für KI- Verfahren Daten in unterschiedlichen Unternehmen erhoben, vorverarbeitet und bereinigt werden. Kritische Umarbeitungen (z. B. von Datensätzen) können so bereits zu einem recht frühen Zeitpunkt geschehen, die ggf. zu einem späteren Zeitpunkt nicht mehr prüfbar sind, wenn Daten mehrfach transformiert wurden (siehe auch Abb. 2). Gerade wenn ein neuronales Netz jedoch aus vorherigen Fehldiagnosen lernt, könnte eine solche Nachvollziehbarkeit bei der Prüfung wesentlich sein. Es gilt darum zu diskutieren, wie sichergestellt werden kann, dass eine Prüfstelle auch später noch Umarbeitungen prüfen kann. Beispielsweise über „Logbücher"[4] könnte zumindest festgehalten werden, welche Unternehmen an der Erstellung von Algorithmen und Trainingsdatensätzen beteiligt waren.

5   Fazit

Ein Zertifikat beglaubigt etwas, wertet etwas auf – welche Werte sollten einer europäisch geprägten KI für die Nutzung bescheinigt werden? Aus dem ALTAI-Prüf- katalog zur vertrauenswürdigen KI wurden drei Kriterien ausgewählt, die auch in der Industrie die digitale Souveränität der Facharbeiter:innen unterstützen: „Technische Robustheit", „Transparenz" und „menschliches Handeln und Aufsicht". An diesen Kriterien wurde ein Praxisbeispiel aus dem metallverarbeitenden Gewerbe geprüft. Daraus gehen sowohl für die interne Prüfbarkeit durch Fachkräfte als auch für die externe Qualitätssicherung folgende Handlungsbedarfe hervor.

Robustheit und Erklärbarkeit am Arbeitsplatz müssen in Teamarbeit erzeugt werden
Robustheit und Erklärbarkeit der algorithmischen Systeme am Arbeitsplatz sind Quer- schnittsthemen, die nicht allein von technischen Exper:innen verantwortet werden können. Die Herausforderung ist groß, eine KI so zu konstruieren und in den Arbeits- alltag einzubetten, dass eine Fachkraft überhaupt die Möglichkeit erhält, entgegen

---

[4] „Welche Informationen müssen verfügbar sein, damit ein Audit effektiv und verlässlich ist (z. B. Quellcode, Trainingsdaten, Dokumentation)"? […] Brauchen Prüfende physischen Zugang zu den Systemen, während sie im Betrieb sind, um einen effektiven Audit durchzu- führen? (Chiusi 2021, S.13).

eines KI-Vorschlags sagen zu können, dass es sich hier um einen Fehler handelt, der zur Aussortierung eines Metallteils führen muss – anders als es die KI vorgegeben hätte. Um diese Handlungsfähigkeit der Endnutzer:innen zu gewährleisten, müssen die ungefähren Abläufe, die zur Erstellung dieser KI-Empfehlung geführt haben, für die Fachkraft transparent sein (siehe Abb. 1). Um diese Transparenz passgenau und bedarfsgerecht gestalten zu können, sollten Erklärungsansätze aus der Informatik mit der Perspektive informierter Nutzer:innen in Form von dezidierter Nutzerforschung ergänzt werden. Die Erklärungen zum KI-System müssen sich an jene richten, die die Software nicht entwickelt haben und womöglich auch kaum Kompetenzen in der Informatik und IT-Technik haben. Diese Art von nutzerzentrierter Softwareentwicklung wird über einen partizipativen Austausch zwischen Domänenwissen, KI-Kenntnissen, organisatorischem Wissen und sozialen Effekten ermöglicht. In den aktuellen Debatten zur erklärbaren KI ist ein solches nutzerzentriertes Denken, das von interdisziplinären Perspektiven gestützt wird, noch immer unterrepräsentiert.[5] Ein Konfidenzwert etwa, wie er in zahlreichen Machine-Learning-Anwendungen und auch im oben dargelegten Beispiel genutzt wird, um die Vertrauenswürdigkeit einer KI-Empfehlung als Prozentsatz anzuzeigen, reicht als nutzerzentrierte Erklärbarkeit nicht aus. Farbliche Darstellungen wie die oben dargelegte Unterscheidung zwischen den von der KI und den vom Team identifizierten Schäden sind eine weitere Maßnahme für nutzerzentrierte Transparenz, denn sie machen weitere zugrunde liegende Prozessschritte über die Benutzeroberfläche transparent. Dies hat positive Effekte für die Teamarbeit und reduziert Risiken einer Fehlentscheidung für das Unternehmen, denn die Robustheit der Technik kann somit von einem größeren Team überprüft werden. Langfristig kann ein solches Technikdesign auch auf volkswirtschaftlicher Ebene positiven Einfluss auf die Wettbewerbsfähigkeit europäischer KI-Technologien haben, wenn die Überprüfbarkeit KI-basierter Systeme ins Technikdesign einbezogen und zu einem Alleinstellungsmerkmal europäischer KI wird.

Förderung von neuen, offenen Experimenten partizipativer Technikgestaltung
Aus dem Bedarf an nutzerzentrierter KI-Technologie leitet sich der Bedarf nach interdisziplinären Methoden für die Technikgestaltung ab. Die Partizipation der Nutzenden sollte von Anbeginn einer Technikentwicklung auch finanziell und zeitlich miteingeplant werden. Es bedarf einer ausgeprägteren Förderung KI-bezogener Nutzerforschung, bei der gerade die fordernden und nur schwer zufriedenzustellenden Nutzenden ins Zentrum rücken und proaktiv in die Gestaltung von Technik eingebunden sind. Eine Erprobung partizipativer Verfahren in Unternehmen und mit wissenschaftlicher Begleitung ist dafür erfolgversprechend. Selbst Schulungskonzepte können gewinnbringend auf dieser Vorarbeit aufbauen, womit sich die partizipative Vorarbeit im späteren Verlauf einer KI-Nutzung womöglich sogar als

---

[5] Dies wurde auch im Panel „Explainable AI: Nachvollziehbarkeit in der Anwendung" bei den vom Bundeswirtschaftsministerium veranstalteten „Tagen der digitalen Technologien" am 17. November 2020 wiederholt betont. Programm einsehbar unter https://www.bmwi-registrierung.de/tage-der-digitalen-technologien//Default.aspx?link=m2870, Zugegriffen: 4. August 2021.

Kostenersparnis auszahlen könnte. Die Erprobung solcher Methoden partizipativer Technikgestaltung steht im Zentrum eines Workshops des Projekts „Digitale Souveränität in der Wirtschaft", der Anfang Dezember 2021 digital vom Institut für Innovation und Technik veranstaltet wird.

Literatur

Arrieta, A. B. et al., Explainable Artificial Intelligence (XAI): Concepts, Taxonomies, Opportunities and Challenges toward Responsible AI. http://arxiv.org/pdf/1910.10045v2 (2019). Zugegriffen 18. Nov. 2021

Bundesministerium für Wirtschaft und Energie, Kraus, T., et al.: https://vdivde-it.de/de/publikation/erklaerbare-ki-anforderungen-anwendungsfaelle-und-loesungen (2021). Zugegriffen: 16. Juni 2021

Chiusi, F., et al.: Algorithm Watch, Bertelsmann Stiftung. https://automatingsociety. algorithmwatch.org/wp-content/uploads/2021/01/Automating_Society_Report_2020_-_Deutsche_Ausgabe.pdf (2021). Zugegriffen: 25. Juni 2021

Confalonieri, R., Coba, L., Wagner, B., Besold, T.R.: A historical perspective of explainable artificial intelligence. WIREs Data Min. Knowl. Discov. **11**, e1391. https://doi.org/10.1002/widm.1391 (2021)

Deutsches Institut für Normung: Deutsche Kommission für Elektrotechnik. Deutsche Normungsroadmap Künstliche Intelligenz, Berlin. https://www.din.de/resource/blob/77243 8/6b5ac6680543eff9fe372603514be3e6/normungsroadmap-ki-data.pdf (2020). Zugegriffen: 29. Juli 2021

Hartmann, E.A.: Digitale Souveränität in der Wirtschaft – Gegenstandsbereiche, Konzepte und Merkmale. In: Hartmann, E.A. (Hrsg.) Digitalisierung souverän gestalten. Springer Vieweg, Wiesbaden (2020)

High-Level Expert Group on Artificial Intelligence; Stix, C.: The assessment list for trustworthy artificial intelligence (ALTAI). https://digital-strategy.ec.europa.eu/en/library/assessment-list-trustworthy-artificial-intelligence-altai-self-assessment (2020). Zugegriffen: 21. Juli 2021

Mangelsdorf, A., Gabriel, P., Weimer, M.: Die Zertifizierung von KI: Mehr Sicherheit für alle – oder unnötiger Ballast? iit-perspektive. https://www.iit-berlin.de/publikation/die-zertifizierung-von-ki-mehr-sicherheit-fuer-alle-oder-unnoetiger-ballast/ (2021). Zugegriffen: 29. Juli 2021

Oesterreich, R.: Handlungsregulation und Kontrolle. Urban & Schwarzenberg, München (1981)

Pentenrieder, A.: Algorithmen im Alltag. Campus, Frankfurt am Main (2020)

Poretschkin, M., et al., Fraunhofer IAIS: Leitfaden zur Gestaltung vertrauenswürdiger Künstlicher Intelligenz. KI-Prüfkatalog. https://www.iais.fraunhofer.de/content/dam/iais/fb/Kuenstliche_intelligenz/ki-pruefkatalog/202107_KI-Pruefkatalog.pdf (2021). Zugegriffen: 4. Aug. 2021

Rudin, C., Berkman Klein Center for Internet & Society: https://www.youtube.com/watch?app=desktop&v=I0yrJz8uc5Q&ucbcb=1. Zugegriffen: 7. Juni 2021. Basierend auf dem Artikel: Rudin, C.: Stop explaining black box machine learning models for high stake decisions and use interpretable models instead. Nat. Mach. Intell. https://www.nature.com/articles/s42256-019-0048-x (2019). Zugegriffen: 8. Juni 2021

VDI Zentrum Ressourceneffizienz. Im Auftrag des Bundesministeriums für Umwelt, Naturschutz und nukleare Sicherheit.: Potenziale der schwachen künstlichen Intelligenz für die betriebliche Ressourceneffizienz. https://www.ressource-deutschland.de/fileadmin/user_upload/downloads/studien/VDI-ZRE_Studie_KI-betriebliche-Ressourceneffizienz_Web_bf.pdf (2021). Zugegriffen: 8. Juni 2021

Hybrides Maschinelles Lernen im Kontext der Produktion

Isabelle Gauger[1(✉)], Tobias Nagel[2], und Marco Huber[1,2]

[1] Institut für Industrielle Fertigung und Fabrikbetrieb IFF, Universität Stuttgart, Stuttgart, Deutschland
{isabelle.gauger,marco.huber}@iff.uni-stuttgart.de
[2] Zentrum für Cyber Cognitive Intelligence (CCI), Fraunhofer IPA, Stuttgart, Deutschland
{tobias.nagel,marco.huber}@ipa.fraunhofer.de

Zusammenfassung. Der Einsatz von Maschinellem Lernen (ML) zur Gewinnung von Erkenntnissen aus großen Datenmengen und der Lösung anspruchsvoller Aufgaben bietet ein enormes Potenzial für die industrielle Produktion. Allerdings ist der Einsatz von ML-Modellen auch mit Herausforderungen verbunden. Dazu gehören die meist großen benötigten Datenmengen sowie die mangelnde Transparenz und Erklärbarkeit dieser Modelle, was ihren Einsatz in der Praxis erschwert. Ein Ansatz, um diesen Herausforderungen zu begegnen, ist, in der Industrie vorhandenes Fachwissen zu nutzen und mit ML-Modellen zu verbinden. Dieser Ansatz wird als *hybrides maschinelles Lernen* bezeichnet. Im Folgenden werden die Vor- und Nachteile von klassischen wissens- und datenbasierten Modellen diskutiert sowie Ansätze vorgestellt, um beide Welten miteinander zu verbinden. Anhand von Beispielen aus der Regelungstechnik und Industrierobotik wird erläutert, wie sich diese anschließend im Produktionskontext umsetzen lassen. Im Fokus stehen dabei besonders Aspekte der Zuverlässigkeit, wie die Erklärbarkeit und Robustheit solcher Systeme, die wichtige Elemente der digitalen Souveränität des Anwenders sind.

Schlüsselwörter: Maschinelles Lernen · Hybride Modelle · Informed Machine Learning

1 Motivation

Der Einsatz von Künstlicher Intelligenz (KI) und ihrem Teilgebiet des Maschinellen Lernens (ML) bietet ein enormes Potenzial für die industrielle Produktion. Angefangen bei der Erhöhung des Automatisierungsgrades sowie der Kapazität und Flexibilität einer Produktion über die Steigerung der Produktqualität bis zur Senkung der Kosten und der Belastung für Mensch und Umwelt.

E. A. Hartmann (Hrsg.): *Digitalisierung souverän gestalten II*, S. 64–79, 2022.
https://doi.org/10.1007/978-3-662-64408-9_6

Die große Stärke von ML-Algorithmen liegt darin, dass sie dazu in der Lage sind, anhand von Daten automatisch zu lernen, eine bestimmte Aufgabe zu lösen. Voraussetzung ist dabei zum einen das Vorhandensein der benötigten Daten und zum anderen die Verfügbarkeit von hohen Rechenkapazitäten. Durch die zunehmende Digitalisierung und Vernetzung im Zusammenhang mit Industrie 4.0 und stark gestiegener Rechenleistung haben sich diese Voraussetzungen in den letzten Jahren zunehmend erfüllt (Bauernhansl 2014; Shang und You 2019; Wuest u. a. 2016).

Die Möglichkeiten, ML in der Produktion einzusetzen, sind vielfältig und umfassen alle Phasen der Produktion. In der Produktentwicklung können ML-Methoden dafür eingesetzt werden, das Design von Produktvarianten zu automatisieren oder Produkteigenschaften vorherzusagen. In der Produktionsplanung lassen sich mithilfe von ML-Methoden unter anderem zukünftige Kundenbedarfe vorhersagen sowie die Arbeitsplanung optimieren und flexibilisieren. In der eigentlichen Produktion können mittels ML der Zustand von Produktionsmaschinen überwacht und eine vorausschauende Instandhaltung umgesetzt sowie Prozessparameter optimiert oder die Produktqualität überwacht werden. Darüber hinaus lassen sich mit ML die Fähigkeiten von Industrierobotern verbessern und deren Programmierung vereinfachen, hin zu intelligenten, hochautomatisierten Systemen (Krauß u. a. 2019; Wagner u. a. 2021; J. Wang u. a. 2018; Wuest u. a. 2016).

Neben dem enormen Potenzial von ML beim Einsatz in der Produktion gibt es auch einige Herausforderungen, die ML mit sich bringt. Wie bereits genannt, muss bei ML-Methoden generell eine große Menge an geeigneten Daten für das Training der Modelle vorhanden sein. Eine weitere Herausforderung ist, dass es sich bei modernen ML-Verfahren in der Regel um Modelle handelt, die der Mensch nicht nachvollziehen kann.

Ein Weg, diesen Herausforderungen zu begegnen, an dem aktiv geforscht wird, ist es, ML-Methoden mit vorhandenem Wissen zu verbinden. In der Industrie existiert eine große Menge an Domänenwissen und wissensbasierte Systeme wie etwa Simulationen oder mathematische Modelle kommen an verschiedensten Stellen zum Einsatz. Dieses Wissen zu nutzen und mit ML-Modellen zu verbinden, ist ein vielversprechender Weg, um die genannten Hürden beim Einsatz moderner ML-Methoden zu überwinden. Man bezeichnet diesen Ansatz als *hybrides maschinelles Lernen* oder auch Informed Machine Learning. Durch das Einbringen von Domänenwissen lässt sich unter anderem die Menge der benötigten Daten für das Training der ML-Modelle reduzieren sowie deren Robustheit und Erklärbarkeit erhöhen (von Rueden, Katharina Beckh u. a. 2021; Karpatne u. a. 2017).

2 Wissensbasiert vs. datenbasiert

Im Produktionskontext werden wissensbasierte Modelle in vielfältiger Weise eingesetzt. Angefangen bei analytischen Modellen über regelbasierte Systeme bis zu aufwendigen multiphysikalischen Simulationen. Die Basis solcher Modelle bilden in der Regel eine Reihe von Gleichungen oder logischen Regeln, die das System beschreiben. Die Tatsache, dass die Funktionsweise von wissensbasierten Modellen für den Menschen somit nachvollziehbar und die Modelle erklärbar sind, ist eine große Stärke dieser Ansätze. Dies ermöglicht unter anderem, bei sicherheitskritischen Anwendungen zu kontrollieren und sicherzustellen, dass geltende Sicherheitsstandards eingehalten werden. Gleiches gilt für die Einhaltung gesetzlicher Vorgaben, z. B. zum Datenschutz oder zur Gleichstellung. Die Beschreibung des Systems durch eine überschaubare Zahl von Gleichungen oder Regeln bedeutet allerdings auch, dass diese Modelle gewissen Limitationen bezüglich ihrer Genauigkeit unterliegen. In der Realität beeinflussen in der Regel eine Vielzahl bekannter aber auch teilweise unbekannter Faktoren das Verhalten eines Systems. Je höher die Genauigkeitsanforderungen an das Modell sind, desto mehr dieser Zusammenhänge müssen identifiziert und im Modell korrekt berücksichtigt werden. Dies kann schnell dazu führen, dass die Erstellung des Modells sehr aufwendig und das Modell zunehmend kompliziert wird. Alle Zusammenhänge explizit zu modellieren ist im Allgemeinen schlicht nicht möglich.

Bei datenbasierten Modellen, wie künstlichen neuronalen Netzen, werden die Zusammenhänge hingegen rein aus vorhandenen Daten gelernt und müssen nicht explizit modelliert werden. Mit solchen Modellen konnten unter anderem in der Objekterkennung anhand von Bilddaten große Fortschritte erzielt werden (Howard u. a. 2017; Redmon u. a. 2016). Anstatt dass der Mensch explizit definieren muss, anhand welcher Merkmale bestimmte Objekte identifiziert werden, lernt das Modell dies implizit anhand von Beispieldaten. Dabei extrahiert das Modell auch Zusammenhänge aus den Daten, die dem Menschen verborgen bleiben, und erreicht Genauigkeiten, die wissensbasierte Verfahren teils deutlich übertreffen. Für die derzeit sehr häufig verwendeten künstlichen neuronale Netze gilt, dass sie dazu in der Lage sind, jede stetige Funktion beliebig genau zu approximieren, d. h., sie können jeden beliebigen Zusammenhang lernen (Hornik, Stinchcombe und White 1989). Dadurch können mit diesen Verfahren sehr hohe Genauigkeiten erreicht werden.

Allerdings setzt der Einsatz von ML-Modellen voraus, dass Daten für das Trainieren der Modelle in ausreichender Menge und Qualität vorhanden sind. Auch wenn die bei Unternehmen vorhandene Datenmenge im Allgemeinen immer weiter zunimmt, liegen für den konkreten Anwendungsfall häufig keine Daten in geeigneter Form und ausreichender Menge vor, sodass deren Beschaffung mitunter sehr aufwendig sein kann (Krauß u. a. 2019). Viele ML-Modelle extrapolieren auch sehr schlecht, d. h., im Bereich der Daten liefern sie gute Ergebnisse, aber außerhalb dieses Bereichs können die Vorhersagen des Modells beliebig falsch sein. Bei wissensbasierten Ansätzen hat man dieses Problem meist nicht.

Darüber hinaus sind die mitunter leistungsfähigsten ML-Modelle zugleich auch am wenigsten nachvollziehbar. Bei diesen Modellen ist es sogar für Experten nicht möglich, die innere Logik des Modells zu verstehen und nachzuvollziehen, warum das Modell eine bestimmte Entscheidung getroffen hat. Die mangelnde Transparenz und Erklärbarkeit dieser Modelle ist insbesondere dann kritisch, wenn Menschen zu Schaden kommen könnten, wie z. B. bei medizinischen Anwendungen oder beim autonomen Fahren.

In der Vergangenheit hat sich gezeigt, dass ML-Modelle nicht unbedingt mit bekannten naturwissenschaftlichen Gesetzen konsistent sind (Karpatne u. a. 2017). Darüber hinaus wurde festgestellt, dass ML-Modelle mitunter auch ein unerwünschtes Verhalten lernen, was zu Fehldiagnosen in der Medizin oder zu Diskriminierung führen kann (Angwin u. a. 2016; Zech 2018). Außerdem ist bekannt, dass ML-Modelle häufig nicht besonders robust gegen gezielte Versuche sind, sie in die Irre zu führen. So kann eine kleine mutwillige Veränderung der Eingaben, z. B. die Veränderung von Pixeln in einem Bild, welche dem Menschen gar nicht auffällt, dazu führen, dass das ML-Modell eine falsche Entscheidung trifft. Man spricht in diesem Fall von sogenannten Adversarial Attacks (Goodfellow u. a. 2017). Vor diesem Hintergrund stellt sich die Herausforderung, wie solche Modelle verifiziert werden können (Huang u. a. 2017). Dazu gehört auch die Tatsache, dass ML-Modelle Einschränkungen durch naturwissenschaftliche Gesetze, Sicherheitsrichtlinien oder gesetzliche Vorgaben nicht automatisch einhalten.

Zusammenfassend lässt sich sagen, dass der große Vorteil wissensbasierter Modelle darin liegt, dass die Modelle erklärbar, verifizierbar und kontrollierbar sind und auf etabliertem Fachwissen fußen. Darüber hinaus müssen keine großen Trainingsdatensätze gesammelt werden. Können die Zusammenhänge allerdings nur mit sehr viel Aufwand oder gar nicht explizit modelliert werden oder sind sie nicht bekannt, kommt man mit wissensbasierten Modellen unter Umständen nicht mehr weiter. Moderne ML-Modelle, die die Zusammenhänge anhand von Daten lernen, haben in solchen Fällen großes Potenzial demonstriert und zu Durchbrüchen bei schwierigen Aufgaben wie der Objekterkennung oder Sprachverarbeitung geführt. Aufgrund der mangelnden Erklärbarkeit dieser Modelle ergeben sich jedoch Herausforderungen in Bezug auf ihre Verifizierbarkeit und Kontrollierbarkeit.

3   Das Beste aus beiden Welten – hybrides maschinelles Lernen

Im vorherigen Abschnitt wurden die Vor- und Nachteile von wissens- und datenbasierten Modellen diskutiert. Die Stärken beider Ansätze zu verbinden erscheint dabei sehr attraktiv. Die Idee ist, auf der einen Seite unbekannte Zusammenhänge anhand von Daten zu lernen und auf der anderen Seite bestehendes Vorwissen über bekannte Zusammenhänge zu nutzen. Die dabei verfolgten und unter dem Begriff hybrides maschinelles Lernen zusammengefassten Ansätze sind sehr vielfältig und hängen von der konkreten Anwendung und der Form des wissensbasierten Modells ab. In Abb. 1 wird hybrides maschinelles Lernen schematisch in den Kontext von wissens- und datenbasierten Modellen eingeordnet. Die Ansätze variieren hinsichtlich der Verwendung von Fachwissen und Daten, zeichnen sich aber dadurch aus, dass immer beide Komponenten einfließen.

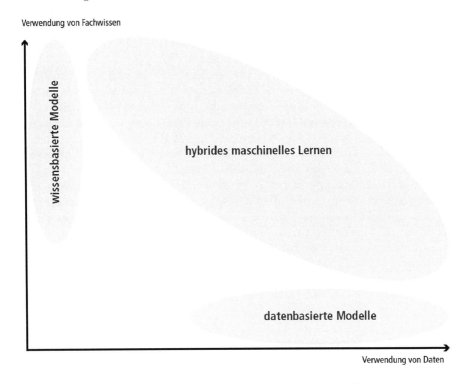

Abb. 1. Einordnung von hybridem maschinellem Lernen in den Kontext von wissens-
und datenbasierten Modellen. In Anlehnung an Karpatne u. a. 2017

Residuen-Ansatz: Ein allgemeiner Ansatz sind hybride Modelle, die ein wissensbasiertes und ein datenbasiertes Modell additiv kombinieren (Karpatne u. a.
2017). In vielen Fällen sind wissensbasierte Modelle vorhanden, die das reale System näherungsweise beschreiben. Reicht die Genauigkeit dieser Modelle für die
geplante Anwendung nicht aus, können sie durch datenbasierte Modelle ergänzt
werden. Die Idee ist hier, dass ein wissensbasiertes Modell einen Teil der Zusammenhänge beschreibt und der Rest von einem datenbasierten Modell gelernt
wird. Dies ist attraktiv, weil mit diesem hybriden Modell eine höhere Genauigkeit
erreicht werden kann, während das Modell zum Teil erklärbar bleibt. Darüber
hinaus weist ein derartiges Modell eine gewisse Robustheit gegenüber Störungen
auf. Eine falsche Vorhersage des datenbasierten Modells führt lediglich zu einer
weniger genauen, aber nicht zu einer völlig falschen Vorhersage des hybriden
Modells und es kann besser extrapolieren. In Abschn. 4.1 wird diese Variante
anhand des Anwendungsbeispiels Roboterkalibrierung ausführlich erläutert.
Stellvertreteransatz: Im Gegensatz dazu gibt es auch Fälle, in denen die
vorhandenen wissensbasierten Modelle durchaus sehr genau sind. Es handelt
sich dabei dann in der Regel um aufwendige physikalische Simulationen. Hier
liegt das Problem häufig darin, dass diese Simulationen mit einem sehr großen
Rechenaufwand verbunden sind. In diesem Fall können datenbasierte Modelle

genutzt werden, um anhand vorhandener Simulationsergebnisse näherungsweise rechenarme Stellvertretermodelle der ursprünglichen Modelle zu lernen (von Rueden, Mayer, Sifa u. a. 2020). Bei der Optimierung der Prozessparameter von Produktionsprozessen können solche datenbasierten Stellvertretermodelle beispielsweise eingesetzt werden, um in einem großen Suchraum vielversprechende Kandidaten für die Prozessparameter zu finden. Für diese Kandidaten werden die Ergebnisse des datenbasierten Modells dann durch eine genaue, aber rechenintensive Simulation validiert, bevor Testexperimente auf dem realen System durchgeführt werden (Pfrommer u. a. 2018).

Reihenschaltung: Eine weitere Variante, wissensbasierte und datenbasierte Modelle zu kombinieren, besteht darin, die Ausgabe eines datenbasierten Modells in ein wissensbasiertes Modell einfließen zu lassen. Hier kann das datenbasierte Modell beispielsweise Größen vorhersagen, die bisher nur ungenau geschätzt werden und so die Vorhersage des wissensbasierten Modells verbessern (Karpatne u. a. 2017). Die umgekehrte Variante, dass die Ausgabe eines wissensbasierten Modells als Eingabe für ein datenbasiertes Modell genutzt wird, ist ebenfalls verbreitet.

Synthetische Trainingsdaten: Ein anderer allgemeiner Ansatz besteht darin, wissensbasierte Modelle oder ihre Ergebnisse direkt in die Pipeline des maschinellen Lernens zu integrieren (von Rueden, Mayer, Sifa u. a. 2020). Eine häufig gewählte Variante ist dabei, die Ergebnisse wissensbasierter Modelle als zusätzliche Trainingsdaten für datenbasierte Modelle zu verwenden (von Rueden, Katharina Beckh u. a. 2021). Das wissensbasierte Modell, hier in der Regel eine Simulation, liefert bei dieser Variante lediglich zusätzliche synthetische Daten für das Training des ML-Modells. In der Anwendung wird dann ausschließlich das ML-Modell verwendet. Dies bietet sich insbesondere an, wenn wenig reale Trainingsdaten zur Verfügung stehen, weil das Sammeln realer Daten zeitintensiv und teuer ist. Eine anspruchsvolle Robotikanwendung ist der Griff in die Kiste (engl. Bin Picking), bei der es darum geht, ungeordnete Objekte aus einem Behälter zu vereinzeln. Für die Erkennung der Objekte und die Bestimmung ihrer 6D-Pose, d. h. ihrer Position und Orientierung im Raum, eignet sich der Einsatz datenbasierter ML-Methoden. Allerdings stellt die Menge der benötigten Trainingsdaten eine Hürde dar, da das Sammeln und Annotieren dieser Daten mit großem Zeitaufwand verbunden ist. Durch die Kombination von realen Daten mit synthetischen Daten, die mithilfe einer Simulation erzeugt wurden, lassen sich hier hinreichend große Datensätze für den Einsatz von ML-Methoden erzeugen (Kleeberger, Landgraf und Huber 2019).

Ergebnisvalidierung: Eine andere, bereits genannte Variante, die am Ende der ML-Pipeline ansetzt, ist, wissensbasierte Modelle dafür zu nutzen, die Vorhersagen rein datenbasierter Modelle zu validieren (von Rueden, Mayer, Sifa u. a. 2020). Beim Stellvertreteransatz wird das ML-Modell mit synthetischen Daten von einer Simulation darauf trainiert, diese möglichst gut zu approximieren. Anschließend werden in der Anwendung Vorhersagen des ML-Modells mit der aufwendigeren Simulation validiert. Darüber hinaus kann ein wissensbasiertes Modell aber auch dazu genutzt werden, ein ML-Modell zu validieren, das ausschließlich mit realen Trainingsdaten trainiert wurde. Bei dieser Variante kommt das wissensbasierte Modell nur in der Anwendung zum Einsatz, um Vorhersagen des ML-Modells auf ihre Konsistenz mit bekanntem Wissen zu prüfen.

Integrierte Lernalgorithmen und Modellarchitekturen: Darüber hinaus wird auch an Möglichkeiten geforscht, bekannte Gesetzmäßigkeiten aus wissensbasierten Modellen direkt in den Lernalgorithmus oder die Modellarchitektur von datenbasierten Modellen zu integrieren (von Rueden, Katharina Beckh u. a. 2021). Durch das Einbringen bekannter Gesetzmäßigkeiten wird der Suchraum bei der Optimierung des datenbasierten Modells auf Lösungen eingeschränkt, die diesen Gesetzmäßigkeiten gehorchen. Ein Beispiel aus der Additiven Fertigung ist die Vorhersage der Bondqualität und Porosität von gedruckten Teilen. Hier wurden bekannte physikalische Gesetze in den Lernalgorithmus integriert. Dadurch konnte erreicht werden, dass auch bei geringer Datenmenge ein Modell gelernt wird, das gut generalisiert und genaue, physikalisch konsistente Vorhersagen liefert (Kapusuzoglu und Mahadevan 2020).

Im Allgemeinen können nicht nur wissensbasierte Modelle wie Simulationen oder analytische Modelle in datenbasierte Modelle integriert werden, sondern auch andere Formen von Domänenwissen. Die Integration von Domänenwissen aller Art in ML-Modelle wird auch als Informed Machine Learning oder Theory-guided Data Science bezeichnet (Karpatne u. a. 2017; von Rueden, Katharina Beckh u. a. 2021). Domänenwissen kann hier auch zum Beispiel durch logische Regeln, Wissensgraphen oder menschliches Feedback eingebracht werden. Dies zu betrachten würde hier allerdings zu weit führen.

4   Hybrides maschinelles Lernen für die Produktion

Die bereits aufgeführten Nachteile rein datengetriebener Modelle stellen in der Produktionstechnik ein besonderes Hindernis dar. Eine Robotiksteuerung könnte theoretisch hervorragend über aktuelle Reinforcement-Learning-Ansätze trainiert oder eine Produktionsplanung über KI-Methoden optimiert werden. Es ist aus finanziellen Gründen jedoch nicht möglich, mit einem zeitintensiven Training Produktionsressourcen zu belegen. Daher bleiben nur zwei Möglichkeiten: Den Trainingsprozess beschleunigen oder ein Lernen in der Simulation. Da Letzteres häufig nicht vorhanden ist bzw. nur mit großem Aufwand erzeugt werden kann, stellt das Beschleunigen des Trainingsprozesses mit hybriden KI-Ansätzen einen validen Ansatz dar. Vorwissen von Produktionsplanern kann den Suchraum der optimalen Lösung z. B. stark eingrenzen oder bereits existierende Dynamikmodelle von diversen Robotern können mit KI-Methoden befähigt werden, weitere, komplexere Aufgaben durchzuführen. Auf rein datengetriebene Ansätze zu verzichten macht das gefundene Modell besser interpretierbar, sodass dem Algorithmus ein größeres Vertrauen geschenkt werden kann und Informationen über Robustheit direkt abgeleitet werden können. Die folgenden Abschnitte beleuchten die zuletzt genannten Aspekte genauer.

4.1   Hybrides maschinelles Lernen für die Industrierobotik

In der Produktion kommen Industrieroboter für Aufgaben wie Schweißen, Lackieren oder Montieren zum Einsatz. Für die zuverlässige und genaue Ausführung dieser Aufgaben müssen Industrieroboter hohe Anforderungen an die Genauigkeit erfüllen. Allerdings können verschiedene Faktoren wie Fertigungstoleranzen, Getriebespiel oder Verschleiß zu signifikanten Abweichungen zwischen dem realen Roboter und seinem kinematischen Modell führen, was eine geringe absolute Positionsgenauigkeit des Roboters zur Folge hat. Dies ist insbesondere bei der Offline-Programmierung von Industrierobotern problematisch (Chen-Gang u. a. 2014). Um dem entgegenzuwirken und eine hohe Genauigkeit sicherzustellen, müssen Roboter daher regelmäßig nachkalibriert werden. Unter Kalibrierung versteht man hier den Vorgang, die vorhandene Ungenauigkeit eines Roboters in Bezug auf seine Absolutposition mithilfe von Software zu reduzieren. An der Hardware wird dabei nichts verändert.

Gängig sind dabei verschiedene Varianten der sogenannten modellbasierten Kalibrierung (Everett, Driels und Mooring 1987; Okamura und F. Park 1996; Stone 1987). Bei diesem Verfahren werden die Parameter des kinematischen Modells, welches zur Bahnplanung und Steuerung des Roboters verwendet wird, so angepasst, dass das Modell den realen Roboter besser beschreibt. Hierfür wird zunächst für einige geplante Endeffektor-Posen im Arbeitsraum die tatsächliche Endeffektor-Pose des Roboters mit einem externen Messsystem vermessen. Diese Messdaten werden dann dazu verwendet, die Parameter des Modells so anzupassen, dass die geplanten Endeffektor-Posen im Anschluss mit höherer Genauigkeit erreicht werden (Chen-Gang u. a. 2014; Roth, Mooring und Ravani 1987).

Der Vorteil der modellbasierten Kalibrierung ist, dass die Methode einfach und nachvollziehbar ist und nur eine überschaubare Menge an Messdaten benötigt wird. Allerdings lassen sich mit dieser Methode nur Geometriefehler korrigieren. Viele andere Fehlerquellen, wie z. B. ein Getriebespiel oder das Durchbiegen von Gelenken und Verbindungen, bleiben dabei unberücksichtigt. Es gibt zwar Ansätze, um das Durchbiegen der Gelenke unter dem Eigengewicht des Roboters explizit zu modellieren und in das Modell einzubauen (Zhou, Nguyen und Kang 2014), es ist aber nicht möglich, dies für alle Fehlereinflüsse zu tun.

Eine Alternative besteht darin, die klassische modellbasierte Kalibrierung mit einem tiefen neuronalen Netz, sprich einem datenbasierten Modell, zu einem hybriden Modell zu verbinden. Hierfür eignet sich ein Residuen-Ansatz (siehe Kap. 3), wie er in Abb. 2 dargestellt ist und im Folgenden beschrieben wird.

Ausgangspunkt ist ein analytisches Modell f, welches das betrachtete System näherungsweise beschreibt. D. h. für eine Eingabe X liefert das analytische Modell die Ausgabe $f(X)$, welche ungefähr dem wahren Wert Y entspricht. Die Differenz zwischen wahrem Wert und Modell $\Delta(X) = Y - f(X)$ wird als Residuum bezeichnet. Nun wird ein künstliches neuronales Netz anhand von Messdaten darauf trainiert, für eine Eingabe X das Residuum Δ vorherzusagen. Das vorhergesagte Residuum $\Delta(X)$ wird dann zur Ausgabe des analytischen Modells $f(X)$ hinzuaddiert. Das neuronale Netz liefert also einen kleinen Korrekturterm,

Hybrides Residuen-Modell

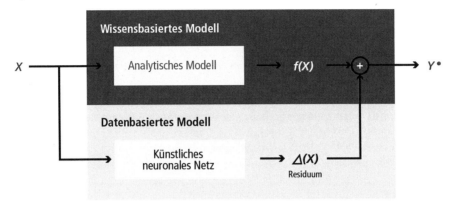

Abb. 2. Schematische Darstellung eines hybriden Residuen-Modells, das ein wissensbasiertes, analytisches mit einem datenbasierten ML-Modell kombiniert

um die Ausgabe des analytischen Modells zu verbessern. Ziel ist, so ein genaueres Modell des realen Systems zu erhalten und eine möglichst genaue Vorhersage Y^*.

Im Fall der Roboterkalibrierung wird das tiefe neuronale Netz darauf trainiert, die Differenz zwischen dem angepassten kinematischen Modell, welches ausschließlich geometrische Fehler berücksichtigt, und dem realen Roboter zu beschreiben. Dafür muss eine entsprechende Zahl zusätzlicher Messdaten gesammelt werden. Die Idee ist, dass das Netz anhand der Messdaten lernt, die nicht-geometrischen Fehler zu korrigieren und man so ein sehr genaues Modell des realen Roboters erhält. Aktuelle Forschung auf diesem Gebiet zeigt, dass sich mit einem solchen Hybridansatz die absolute Positionsgenauigkeit von Industrierobotern gegenüber klassischen Verfahren deutlich verbessern lässt (Gadringer u. a. 2020; Landgraf u. a. 2021; Nguyen, Le und Kang 2019).

Prinzipiell ist es auch möglich, anstatt des Hybridmodells ein rein datenbasiertes Modell zu verwenden und die komplette Kinematik des Roboters z. B. mit einem tiefen neuronalen Netz anhand von Messdaten zu lernen (Csiszar, Eilers und Verl 2017). Fehler werden hier sozusagen direkt mitgelernt. Allerdings besteht beim Lernen einer inversen Kinematik, die für eine gegebene Endeffektor-Pose die zugehörigen Gelenkwinkel des Roboters liefert, die Problematik, dass es in der Regel mehrere oder im Fall von Singularitäten auch unendlich viele Lösungen gibt. ML-Modelle können damit im Allgemeinen nicht gut umgehen. Aufgrund der mangelnden Erklärbarkeit und Verifizierbarkeit tiefer neuronaler Netze ergeben sich außerdem Schwierigkeiten in sicherheitstechnischer Hinsicht. Die Hybridlösung, bei der die Kinematik des Roboters durch ein nachvollziehbares, analytisches Modell beschrieben wird und das Netz lediglich einen kleinen Korrekturterm liefert, bietet hier Vorteile hinsichtlich Robustheit und Sicherheit. Darüber hinaus vermeidet es die beschriebene Problematik beim Lernen einer inversen Kinematik mit einem ML-Modell.

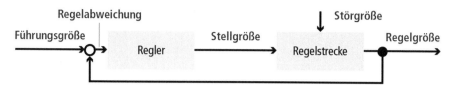

Abb. 3. Darstellung eines klassischen Regelkreises, bestehend aus Regelstrecke und Regler (Lunze 2010)

4.2 Hybrides maschinelles Lernen für die Regelungstechnik

Die Regelungstechnik befasst sich als Teilbereich der Automatisierungstechnik mit der Aufgabe, einem gegebenen System ein gewünschtes Verhalten einzuprägen. Dazu wird ein Regler ausgelegt, welcher die im System beeinflussbaren Größen entsprechend berechnet. Ein einfaches Beispiel stellt ein Heizungssystem dar. Das als Regler fungierende Thermostat berechnet anhand der Raumtemperatur das notwendige Warmwasser, welches in den Heizkörper fließt, sodass der Raum auf eine gewünschte Temperatur gebracht wird. Häufig wird das gesamte Konstrukt in Form eines Regelkreises (siehe Abb. 3) dargestellt. Das zu regelnde System wird als Regelstrecke bezeichnet und hat zwei Eingangsgrößen: die Stellgröße, die der Nutzer direkt beeinflussen kann, sowie die Störgröße, die sich aus der Systemumgebung ergibt und nicht manipulierbar ist. Die Ausgangsgröße, hier als Regelgröße bezeichnet, stellt den zu regelnden Istwert dar. Der Regler erhält die Differenz zwischen Führungs- und Regelgröße, sodass auf Basis dessen eine Stellgröße berechnet werden kann.

Um die Regelungsaufgabe zu lösen, müssen nach Lunze 2010 verschiedene Schritte abgearbeitet werden. Nach Formulierung der Regelungsaufgabe werden zunächst die Regel- und Stellgrößen definiert. Anschließend muss die Regelstrecke modelliert und identifiziert werden. In der Praxis stellt dies oftmals die größte und zeitaufwendigste Arbeit dar. Erst wenn ein Modell der Regelstrecke bekannt ist, kann ein Reglerentwurf erfolgen. Anschließend wird der entworfene Regler in Simulationen analysiert, um ihn final umzusetzen. Die Art des Reglerentwurfs steht und fällt mit der Wahl der Modellierung. Einfache Systeme, deren Dynamik bekannt sind, lassen sich mittels Differentialgleichungen modellieren. Dies stellt einen rein wissensbasierten Ansatz dar. Ist die Dynamik zu komplex, werden datengetriebene Ansätze verfolgt. Dabei kann die Regelstrecke über verschiedene Ansätze, wie z. B. Autoregressive Moving Average Modelle, kurz ARMA-Modelle, (Lydia u. a. 2016) oder künstliche neuronale Netze (C. Wang und Hill 2006), modelliert werden. In letzter Zeit werden immer öfter hybride Ansätze verfolgt. Dies hat den Vorteil, dass ein nicht gänzlich unbekanntes System sicher über klassische Verfahren modelliert werden kann, während die unbekannten Komponenten zeiteffizient über datengetriebene Ansätze abgebildet werden. Ein aktuelles Beispiel stellt die Identifikation von Parametern in Lithium-Ionen-Batterien dar. Die Modellstruktur dessen ist hinlänglich bekannt, sodass hier über ein Ersatzschaltbild aus in Reihe geschalteten Widerstands-Kondensator-Schwingkreisen ein hinreichend genaues Modell erstellt wird. Die Identifikation der zugehörigen Widerstands- und Kapazitätswerte zur Laufzeit stellt jedoch eine Herausforderung dar, wofür Hashemi u. a. 2021 die datengetriebenen Methoden Support-Vector-Machine und Gaußprozessregressor einsetzen.

Datengetriebene Ansätze können jedoch auch direkt in der Modellbildung die wissensbasierten Methoden unterstützen. Dies ist vor allem dann hilfreich, wenn der Arbeitspunkt keine ausreichende Datenbasis besitzt. Wird zum Beispiel ein neuronales Netz um einen Arbeitspunkt mithilfe von Daten trainiert, so ist das Netz in diesem Bereich häufig hinreichend valide. Wird der Arbeitspunkt im Anschluss jedoch verlassen, stellt die schlechte Extrapolationseigenschaft von neuronalen Netzen ein Problem dar. Ein hybrides Modell, welches nicht rein datengetrieben aufgebaut ist, sorgt in diesem Bereich für bessere Resultate, wie in S. Park u. a. 2021 anhand eines Kühlaggregats gezeigt wurde. In diesem Fall erweitert ein neuronales Netz bereits bekannte thermodynamische Zusammenhänge um eine Parameterschätzung.

Um lineare und zeitunabhängige Systeme in aller Gänze zu identifizieren, wird in Nagel und Huber 2021 die Variante eines neuronalen Autoencoders verwendet. Dabei werden Messgleichungen in ein neuronales Netz gegeben, welches eine Schätzung der Systemgleichungen ausgibt. Die Güte der Schätzung wird im Anschluss direkt evaluiert und auf Basis dessen das neuronale Netz trainiert. Ist bereits ein Teil des Systems bekannt, kann dieser von der Identifikation ausgeschlossen werden, was das Training und die Schätzung stark erleichtert, beschleunigt und genauer macht. Einen Schritt weiter gehen Lampert und Martius 2018. Die Autoren stellen eine Möglichkeit vor, direkt nichtlineare Differentialgleichungen als Regelstrecke mithilfe eines neuronalen Netzes zu identifizieren. Dazu werden verschiedene mathematische Operatoren über Gewichtskoeffizienten miteinander verknüpft. Die Methode funktioniert jedoch nur mit einem gewissen physikalischen Hintergrundwissen des zu untersuchenden Systems, sodass effektiv ein hybrides Modell entsteht. Allen voran ist es notwendig zu wissen, welche mathematischen Operatoren die Systemdynamik am besten wiedergeben. Weiterhin muss festgestellt werden, wie komplex das System ist, sodass das identifizierte Modell nicht über- oder unterangepasst ist. Problematisch ist ausschließlich die Tatsache, dass aufgrund der besonderen Eigenschaft neuronaler Netze nur differenzierbare Operatoren ausgewählt werden können und nicht-differenzierbare höchstens in der letzten Neuronenschicht Anwendung finden. Diese kommen in der Natur jedoch relativ häufig vor, sodass nicht alle Systeme korrekt abgebildet werden können.

5   Erklärbarkeit und digitale Souveränität

Mit einer fortschreitenden Verwendung von maschinellen Lernverfahren in der Industrie geht auch das Bedürfnis nach einer Erklärbarkeit ebenjener einher (Belle und Papantonis 2020). Insofern das verwendete Verfahren eine reine Black Box darstellt, also lediglich die Ein- und Ausgangsgrößen bekannt sind, jedoch kein Wissen über die inneren Prozesse und Vorgänge vorhanden ist, stellt die tatsächliche Verwendung im Alltag ein großes Hindernis dar. Prüfungen über die korrekte Funktionsweise können ausschließlich über Kreuzvalidierungen erfolgen und eine Fehlfunktion nur per Tests ausgeschlossen werden. In Roscher u. a. 2020 werden in diesem Zusammenhang drei Begriffe unterschieden: Die *Transparenz* eines Modells bezieht sich darauf, ob der Prozess, wie Modellparameter aus Trainingsdaten abgeleitet werden, von fachbezogenen Personen beschrieben und motiviert werden kann. Beispielhaft kann ein künstliches neuronales Netz genannt werden. Die durchgeführten Berechnungen sind per se transparent, da die Ein-Ausgangsbeziehung über eine Gleichung ausgedrückt werden kann. Die Hyperparameter, also z. B. die Neuronenanzahl, werden jedoch meist nach Erfahrungswissen oder heuristisch ausgewählt. *Interpretierbarkeit* hingegen bezieht sich darauf, ob die Entscheidung des Modells selbst nachvollzogen werden kann und worauf die durchgeführte Entscheidungsfindung beruht. Dies ist bei künstlichen neuronalen Netzen nicht mehr erfüllt. Die Anzahl der Operationen ist hier viel zu groß, als dass ein Mensch diese Schritt für Schritt durchgehen und daraus eine sinnvolle Erkenntnis über die Entscheidungsfindung des Modells ziehen könnte. Letztlich ist die tatsächliche *Erklärbarkeit* stark von der Nutzerabsicht abhängig. Ist ein Modell in seiner Entscheidungsfindung interpretierbar, so kann ein Nutzer mit Domänenwissen und Dateneinsicht eine Erklärung der Modellresultate erhalten.

Interpretierbarkeit kann über die Verwendung einfacher statistischer Modelle erzielt werden. Dazu zählen zum Beispiel verallgemeinerte lineare Modelle, aber auch Entscheidungsbäume oder naive Bayes-Klassifikatoren (Burkart und Huber 2021; Molnar 2020). Problematisch ist, dass mit steigender Interpretierbarkeit die Klassifikationsgüte stark sinkt, sodass hybride Methoden eine Verbesserung darstellen können. T. Wang und Lin 2019 zum Beispiel verwenden eine Kombination aus einem interpretierbaren Modell und einer Black Box. Das interpretierbare Modell kommt in bestimmten Regionen des Trainingsdatensatzes zum Einsatz, wo die Klassifikationsgüte ausreicht. Dies ist z. B. bei einem Datensatz mit binärer Zielgröße der Fall, wenn die Entscheidungsgrenze selbst nichtlineares Verhalten hat, sie jedoch in einem linearen Streifen bleibt (siehe Abb. 4).

Ähnlich wie in Abschn. 4.2 im Bezug zur Auslegung von Reglern können mathematische Modellkenntnisse generell eingesetzt werden, um eine höhere Interpretierbarkeit des Modells und somit eine höhere Vertrauenswürdigkeit zu erzielen. Die Black Box wird durch die Kombination mit menschlichem Wissen zu einer Grey Box. Dies wird z. B. in Massa Gray und Schmidt 2018 ausgenutzt, indem ein Gaußprozessregressor ausschließlich zur Fehlerkorrektur des mathematischen Modells verwendet wird. Ein weiterer Anwendungsfall wird in Jung 2020 beschrieben, wo ein mathematisches Modell und ein neuronales Netz mit dem Ziel der Anomalieerkennung parallel genutzt werden. Sind die Prädiktionen beider Modelle stark unterschiedlich, kann auf eine Anomalie der aktuellen Systemwerte geschlossen werden.

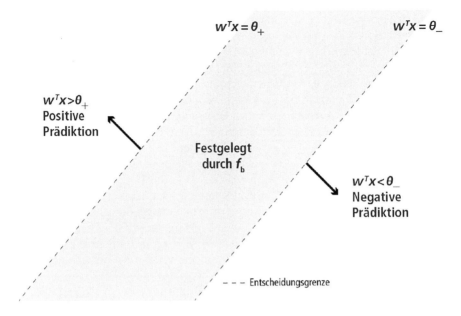

Abb. 4. Darstellung einer einfachen Klassifikation aus (T. Wang und Lin 2019), wobei die genaue Entscheidungsgrenze durch ein Black-Box-Modell f_b genauer wiedergegeben wird, während Bereiche, die weiter entfernt sind, durch ein interpretierbares lineares Modell abgebildet werden, welches durch Parameter w und Eingangsgrößen x ausgedrückt wird. θ legt dabei als Skalar die Entscheidungsgrenze fest

6   Ausblick

Gegenwärtig konzentriert sich die KI-Forschung auf die Entwicklung neuer Methoden im modellfreien und somit rein datengetriebenen Gebiet. Da jeder Anwendungsfall andere Herausforderungen mit sich bringt, ist ein Verwerfen von bereits bestehenden problemspezifischen Kenntnissen Vergeudung. Wie im Artikel beschrieben, zeigen verschiedenste Beispiele, dass modellspezifisches Wissen den Trainingsprozess sowohl beschleunigen als auch die Resultate verbessern kann. Ein weiteres Verallgemeinern der bestehenden hybriden Methoden wird zu einem größeren Anwendungsfeld führen, sodass hybride Modelle das Feld der KI sinnvoll erweitern und weiter zum gesellschaftlichen Fortschritt beitragen.

Literatur

Angwin, J., et al.: Machine Bias: There's software used across the country to predict future criminals. And it's biased against blacks. https://www.propublica.org/article/machine-bias-risk-assessments-in-criminalsentencing (2016). Zugegriffen: 30. Juni 2021

Bauernhansl, T.: „Industrie 4.0 – die industrielle Revolution geht weiter". wt Werkstattstechnik online **104**(3), 105 (2014)

Belle, V., Papantonis, I.: Principles and practice of explainable machine learning. arXiv: 2009.11698 [cs.LG] (2020)

Burkart, N., Huber, M.: A survey on the explainability of supervised machine learning. J. Artif. Intell. Res. **70**, 245–317 (2021)

Chen-Gang et al.: Review on kinematics calibration technology of serial robots. Int. J. Precis. Eng. Manuf. **158**, 1759–1774 (2014)

Csiszar, A., Eilers, J., Verl, A.: On solving the inverse kinematics problem using neural networks. Proceedings 2017 24th International Conference on Mechatronics and Machine Vision in Practice (M2VIP) (2017)

Everett, L., Driels, M., Mooring, B.: Kinematic modelling for robot calibration. Proceedings. 1987 IEEE International Conference on Robotics and Automation. Raleigh, NC, USA: Institute of Electrical and Electronics Engineers, S. 183–189 (1987)

Gadringer, S., et al.: Robot calibration combining kinematic model and neural network for enhanced positioning and orientation accuracy. IFAC-PapersOnLine **53**(2), 8432–8437 (2020)

Goodfellow, I., et al.: Attacking machine learning with adversarial examples. https://openai.com/blog/adversarial-example-research/ (2017). Zugegriffen: 1. Juli. 2021

Hashemi, S.R., et al.: Machine learning-based model for lithiumion batteries in BMS of electric/hybrid electric aircraft. Int. J. Energy Res. **45**(4), 5747–5765 (2021)

Hornik, K., Stinchcombe, M., White, H.: Multilayer feedforward networks are universal approximators. Neural Netw. **2**(5), 359–366

Howard, A., et al.: MobileNets: efficient convolutional neural networks for mobile vision applications. http://arxiv.org/pdf/1704.04861v1 (2017). Zugegriffen: 1. Juli 2021

Huang, X., et al.: Safety verification of deep neural networks. In: Majumdar, R., Kuncak, V. (Hrsg.) Computer Aided Verification. Lecture Notes in Computer Science, S. 3–29. Springer, Cham (2017)

Jung, D.: Residual Generation Using Physically-Based Grey-Box Recurrent Neural Networks For Engine Fault Diagnosis. arXiv: 2008.04644 [eess.SP] (2020)

Kapusuzoglu, B., Mahadevan, S.: Physics-informed and hybrid machine learning in additive manufacturing: application to fused filament fabrication. JOM **72**(12), 4695–4705 (2020)

Karpatne, A., et al. Theory-guided data science: a new paradigm for scientific discovery from data. IEEE Trans. Knowl. Data Eng. **29**(10), 2318–2331 (2017)

Kleeberger, K., Landgraf, C., Huber, M.: Large-scale 6D object pose estimation dataset for industrial bin-picking. In: 2019 IEEE International Conference on Intelligent Robots and Systems (IROS), S. 2573–2578 (2019)

Krauß, J., et al.: Maschinelles Lernen in der Produktion – Anwendungsgebiete und frei verfügbare Datensätze. Ind. 4.0 Manag. **4**, 39–42 (2019)

Landgraf, C., et al.: A hybrid neural network approach for increasing the absolute accuracy of industrial robots. In: 2021 IEEE 17th International Conference on Automation Science and Engineering (CASE) (2021)

Lunze, J.: Regelungstechnik 1, S. 1–4. Springer, Berlin (2010)

Lydia, M., et al.: Linear and non-linear autoregressive models for shortterm wind speed forecasting. Energy Convers. Manage. **112**, 115–124 (2016)

Massa Gray, F., Schmidt, M.:. A hybrid approach to thermal building modelling using a combination of Gaussian processes and grey-box models. Energ. Build. **165**, 56–63 (2018)

Molnar, C.: Interpretable Machine Learning (2020)

Nagel, T., Huber, M.: Autoencoder-inspired Identification of LTI systems. Proceedings of the European Control Conference (ECC) (2021)

Nguyen, H.-N., Le, P.-N., Kang, H.-J. (2019). A new calibration method for enhancing robot position accuracy by combining a robot model–based identification approach and an artificial neural network–based error compensation technique. Adv. Mech. Eng. **11**(1), 1–11

Okamura, K., Park, F.: Kinematic calibration using the product of exponentials formula. Robotica **14**(4), 415–421 (1996)

Park, S., et al.: Machine learning vs. hybrid machine learning model for optimal operation of a chiller. Sci. Technol. Built Environ. **25**(2), 209–220 (2019)

Pfrommer, J., et. al.: Optimisation of manufacturing process parameters using deep neural networks as surrogate models. In: Wang, L. (Hrsg.) Procedia 51st CIRP Conference on Manufacturing Systems, Bd. 72, S. 426–431 (2018)

Redmon, J., et al.: You only look once: Unified, real-time object detection. In: Proceedings 2016 IEEE Conference on Computer Vision and Pattern Recognition (CVPR), S. 779–788 (2016)

Roscher, R., et al.: Explainable machine learning for scientific insights and discoveries. IEEE Access **8**, 42200–42216 (2020). https://doi.org/10.1109/ACCESS.2020.2976199

Roth, Z., Mooring, B., Ravani, B.: An overview of robot calibration. IEEE J. Robot. Autom. **3**(5), 377–385

Sahoo, S., Lampert, C., Martius, G.: Learning equations for extrapolation and control. In: Proc. 35th International Conference on Machine Learning, ICML 2018, Stockholm, Sweden, 2018., Bd. 80. PMLR, S. 4442–4450 (2018)

Shang, C., You, F.: Data analytics and machine learning for smart process manufacturing: Recent advances and perspectives in the big data era. Engineering **5**(6), 1010–1016 (2019)

Stone, H.: "Kinematic Modeling, Identification, and Control of Robotic Manipulators, bd. 29. The Springer International Series in Engineering and Computer Science, Springer, US (1987)

von Rueden, L., Mayer, S., Beckh, K., et al.: Informed Machine Learning – A Taxonomy and Survey of Integrating Knowledge into Learning Systems. IEEE Transactions on Knowledge and Data Engineering (2021)

von Rueden, L., Mayer, S., Sifa, R., et al.: Combining machine learning and simulation to a hybrid modelling approach: Current and future directions. In Berthold, M.R., Feelders, A., Krempl, G. (Hrsg.) Advances in Intelligent Data Analysis XVIII Bd. 12080. Lecture Notes in Computer Science. Springer International Publishing, Cham, S. 548–560 (2020)

Wagner, P., et al.: KI-Anwendungsfälle in der Produktion. Eingereichtes Manuskript (2021)

Wang, C., Hill, D.J.: Learning from neural control. IEEE Trans. Neural Networks **17**(1), 130–146 (2006)

Wang, J., et al.: Deep learning for smart manufacturing: Methods and applications. J. Manuf. Syst. **48**(C), 144–156 (2018)

Wang, T., Lin, Q.: Hybrid Predictive Model: When an Interpretable Model Collaborates with a Black-box Model. arXiv: 1905.04241 [cs.LG] (2019)

Wuest, T., et al.: Machine learning in manufacturing: advantages, challenges, and applications. Prod. Manuf. Res. **4**(1), 23–45 (2016)

Zech, J.: What are radiological deep learning models actually learning?. https://jrzech.medium.com/what-are-radiological-deep-learning-models-actually-learning-f97a546c5b98 (2018). Zugegriffen: 30. Juni 2021

Zhou, J., Nguyen, H.-N., Kang, H.-J.: Simultaneous identification of joint compliance and kinematic parameters of industrial robots. Int. J. Precis. Eng. Manuf. **15**(11), 2257–2264 (2014)

Humanzentrierte Künstliche Intelligenz: Erklärendes interaktives maschinelles Lernen für Effizienzsteigerung von Parametrieraufgaben

Christian Wirth[1], Ute Schmid[2(✉)], und Stefan Voget[3]

[1] Continental Teves AG & Co. OHG, Frankfurt, Deutschland
`christian.2.wirth@continental-corporation.de`
[2] Kognitive Systeme, Universität Bamberg und Fraunhofer IIS Projektgruppe Comprehensible AI, Bamberg, Deutschland
`ute.schmid@uni-bamberg.de`
[3] Continental Automotive GmbH, Regensburg, Deutschland
`stefan.voget@continental-corporation.de`

Zusammenfassung. Verfahren der Künstlichen Intelligenz, insbesondere datenintensive Methoden des maschinellen Lernens, halten immer mehr Einzug in industrielle Anwendungen. Im Normalfall werden KI-Anwendungen meist als fertige Black-Box-Komponenten betrachtet, welche nicht in der Lage sind, mit Anwendern zu interagieren. Am Beispiel von Parametrieraufgaben werden wir die dadurch entstehenden Probleme beleuchten und aufzeigen, wie Anwender eingebunden werden können. Für erfolgreiche Interaktion mit menschlichen Anwendern ist es notwendig, deren besonderen Erwartungen und Limitierungen explizit zu berücksichtigen. Neue, menschzentrierte Algorithmen, deren Interaktionsschnittstelle auf psychologischen Erkenntnissen basiert, müssen entwickelt und identifiziert werden.

Schlüsselwörter: Humanzentrierte Künstliche Intelligenz · Erklärbare KI · Interaktives maschinelles Lernen

1 Einleitung

Künstliche Intelligenz (KI) ist eine Basistechnologie für viele neue Anwendungen und ist im modernen Leben allgegenwärtig: Im privaten Bereich zeigt Siri auf Zuruf den Weg, und Alexa ordert die Pizza im Restaurant um die Ecke. Ärzte

Die in diesem Beitrag berichtete Forschung wird unterstützt vom BMBF-Verbundprojekt hKI-Chemie: Humanzentrierte KI in der chemischen Industrie, FKZ 01|S21023D, FKZ 01|S21023G.

können Röntgenbilder mit KI exakter auswerten, und in Unternehmen entlasten Chatbots die Mitarbeiter im Service bei Kundenanfragen. In der Fertigung überwacht KI die Produktionsstrecke und sorgt für die Qualitätssicherung.

Um das enorme Potential von KI auszuschöpfen, müssen wir uns jedoch ihrer weitreichenden sozialen, wirtschaftlichen, rechtlichen und politischen Implikationen ebenso bewusst sein wie ihrer Auswirkungen auf unsere Moralvorstellungen, unsere gesellschaftlichen Normen und Werte. Den Kern der Verantwortungsethik für KI bildet ein nutzer- und mitarbeiterzentriertes Denken und Handeln auf allen Ebenen. KI als neues Werkzeug soll den Menschen unterstützen und ihm dienen (Ai et al, 2021). Häufig besteht Skepsis gegenüber KI. In der Praxis schwindet diese Skepsis jedoch schnell, weil die praktische Erfahrung und Umgang mit KI ihren Charakter als hilfreiches Instrument aufzeigt. Zwar kann KI durch die Lernfähigkeit das Wissen von vielen Mitarbeitern allgemein nutzbar machen. Es ist aber ein Missverständnis, daraus abzuleiten, dass der Mensch dadurch ersetzt würde. Vielmehr dient die KI denselben Menschen als ein neuartiges Werkzeug, um ihnen die eigentliche, kreative Arbeit zu erleichtern und repetitive Aufgaben zu reduzieren.

Hierbei ist zu beachten, dass sich diese Vision nur realisieren lässt, wenn die KI-Verfahren auch explizit auf Interaktionen ausgelegt sind. Die meisten, gängigen KI-Verfahren, etwa im Bereich Objekterkennung, unterliegen aber unrealistischen Anforderungen. Beispielsweise wird angenommen, dass es eine große Menge an Eingabedaten gibt, die bereits mit den erwarteten Ausgabewerten annotiert worden sind, und zudem ist im Regelfall keine Adaption an neue Daten oder Nutzer vorgesehen. Am Beispiel von Parameterisierungsaufgaben (Abschn. 2) werden wir diese Probleme genauer beleuchten (Abschn. 3) und einen psychologischen Kontext (Abschn. 4) setzen. Die zu berücksichtigenden Probleme lassen sich grob in zwei Kategorien gliedern: die Plausibilisierung der Ausgaben gegenüber dem Nutzer (Abschn. 5) und den interaktiven Nutzen von menschlichen Eingaben (Abschn. 6). Zum Abschluss geben wir einen Ausblick über aktuelle und zukünftige Arbeiten zur Entwicklung einer humanzentrierten KI (Abschn. 7).

2   Use Case Parametrierung und Kalibrierung

Im Automotivebereich werden häufig komplexe Anwendungen über Parametrierung und Kalibrierung den Bedingungen am endgültigen Einsatzort angepasst. Der Einsatzort kann beispielsweise eine Produktionsanlage oder das Fahrzeug sein. Die Parameter können zum Beispiel bestimmen, mit welchem Druck oder Temperatur eine Produktionsanlage zu betreiben ist oder wie sich ein Produkt unter unterschiedlichen Umweltbedingungen verhalten sollte. Die Suche nach den optimalen Parameterwerten ist oft ein zeitaufwendiger und teurer Vorgang. Häufig werden die Parametrierungs- und Kalibrierungsaufgaben unter engen Zeit- und Ressourcenvorgaben durchgeführt. Der manuelle Aufwand für die Parametrierung ist zunehmend schwer leistbar.

Betrachten wir beispielsweise die Parametrierung von motorbetriebenen Schließsystemen in Fahrzeugen: Dabei handelt es sich um erstaunlich komplexe Systeme mit mehr als 20 Parametern, die eingestellt werden müssen, damit Schiebedach oder Kofferraum unter verschiedenen Umständen zuverlässig schließen. Hierbei berücksichtigen die Systeme Parameter wie Temperaturbereich, Neigungswinkel des Fahrzeugs, Transport- oder Schneelast. Gleichzeitig müssen Hindernisse, wie menschliche Körperteile (Kopf, Finger, etc.), indirekt und zuverlässig allein aus den Positions- und Motorparametern erkannt werden, da keine direkte Kraftmessung zur Verfügung steht. Der Kofferraum muss schließen, während die Quetschkraft im Falle eines Hindernisses so gering wie möglich sein sollte.

Eine solche Einklemmschutz-Funktionalität wird nicht nur für elektrische Kofferraumschließsysteme benötigt, sondern auch für andere Funktionen wie elektrische Fensterheber, Sitzsteuerung oder auch Schiebedächer.

Ohne KI-basierte Verfahren führen Experten mehrere Tests und Analysen am realen System durch. Das ist sowohl sehr zeitaufwendig als auch kostspielig. Allerdings basiert der manuell betriebene Ansatz auf langjähriger Erfahrung des Domänenexperten. Häufig haben diese Experten die Parameter ‚im Gefühl', das heißt, sie wissen, welche Kombinationen funktionieren, können es aber nicht formell beschreiben. Zudem spiegeln die endgültigen Parametersätze die Erfahrungen und Vorlieben des Ingenieurs wieder, was zu unterschiedlicher Qualität und unterschiedlichem Verhalten des kalibrierten Systems führt. Eine direkte Implementierung in Software ist daher äußerst schwer.

Um solche Aufgaben mit Hilfe von Verfahren der KI zu lösen, sind verschiedene Aspekte zu berücksichtigen (Abb. 1). Zum einen handelt es sich um so genannte Black-Box-Systeme, deren genaues Verhalten nicht mathematisch modelliert werden kann. Zudem sind nicht ausreichend viele, präzise Daten vorhanden, um klassische Lernverfahren anzuwenden. Dies bezieht sich sowohl auf die Eingabedaten als auch auf die Bewertung der Ergebnisse. Aufgrund dessen müssen spezielle Verfahren verwendet werden, die in der Lage sind mit menschlichen Bewertungen umzugehen, deren spezielle Eigenschaften zu berücksichtigen und auch mit kleinen Datenmengen zu arbeiten.

3   Humanzentrierte KI für Parametrierung

Ziel ist es, einen KI-basierten, kooperativen Ansatz für unsere Domänenexperten zu entwickeln. Wann immer möglich, werden die Parameter automatisch ausgewertet und nur bei Bedarf manuell durch den Experten gesetzt. Durch diesen manuellen Eingriff geben die Experten der KI Feedback, sodass sich die KI in weiteren Lernschleifen verbessern kann. Ziel ist es also nicht, den Domänenexperten durch eine voll automatisiert laufende KI zu ersetzen, sondern über einen interaktiven Ansatz den Domänenexperten zu entlasten, den Prozess zu beschleunigen und durch die KI zu neuen Parameterkombinationen zu kommen.

Continental hat ein Framework für die Parametrierung und Kalibrierung mit KI entwickelt, um diese Probleme zu lösen. Zunächst lernt die Software den „Konsens" über das gewünschte Verhalten von Autos, die bereits in der Vergangenheit kalibriert wurden. Eine dadurch gelernte Kostenfunktion stellt eine gleichbleibende Qualität aller Parametrierungen sicher, während einzelne Komponenten der Kostenfunktion leicht abgestimmt werden können, um die Präferenzen der Kunden oder Domänenexperten einzuarbeiten.

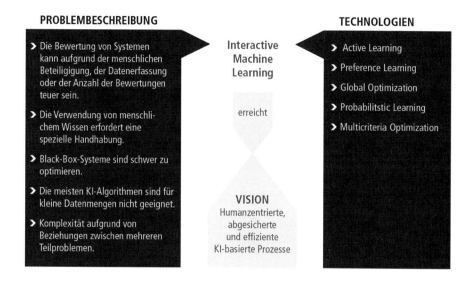

Abb. 1. Einordnung interaktiver KI

Daraufhin ermittelt das System auf der Grundlage erster grober Messungen automatisch einen optimierten Parametersatz. Am Ende erklärt das System dem Kalibrierungsingenieur die getroffenen Auswahlen. Ein unerfahrener Ingenieur kann im Allgemeinen den vom System gefundenen optimalen Parametersatz übernehmen, während ein erfahrener Kalibrierungsingenieur andere Optionen prüfen und diese von Fall zu Fall auswählen kann. Somit nimmt das System dem Menschen nicht die Kontrolle weg, sondern unterstützt einen humanzentrierten Entwicklungsansatz, basierend auf KI-Technologie.

Ist die Parametrisierung mithilfe der KI durchgeführt, ist es notwendig, die Entscheidung des Systems nachvollziehbar zu machen. Nur dann ist es für das menschliche Gegenüber möglich, gezielt mit dem System zu kooperieren und und wenn notwendig korrigierend einzugreifen. Nachvollziehbarkeit ist ebenfalls Voraussetzung für die Akzeptanz von KI-gestützten Verfahren. Dies gilt für alle Stakeholder, von den Ingenieuren, die das KI basierte Werkzeug nutzen, bis zu den Kunden, die das durch die KI parametrisierte Produkt kaufen.

Für die Methoden bestehen in der Interaktion mit den Menschen also zwei Herausforderungen:

1. Interaktion mit dem Domänenexperten, um sein Wissen mithilfe der KI abzubilden.
2. Erklärbarkeit des Ergebnisses für Ingenieure, Kunden und andere Beteiligte. Warum ist die Lösung so gut, wie sie ist?

4   Psychologische Aspekte bei der Kooperation von Mensch und KI-System

Um humanzentrierte KI-Systeme zu entwickeln, müssen entsprechende Ansätze für die Erklärungsgenerierung und die Interaktionsschnittstelle entwickelt werden. Zudem ist es unverzichtbar, psychologische Erkenntnisse bei der Gestaltung zu berücksichtigen (Miller, 2019). Einerseits müssen Spezifika der kognitiven Verarbeitung von Informationen beachtet werden, andererseits müssen Fragen des Vertrauens in technische Systeme und deren Akzeptanz adressiert werden.

Im Fokus des Use Cases steht die Interaktion eines KI-Systems mit menschlichen Experten in der Produktion. Damit ein effizienter und effektiver Informationsaustausch zwischen KI-System und Mensch umgesetzt werden kann, muss die Information so präsentiert und kommuniziert werden, dass

- die kognitive Belastung möglichst gering gehalten wird,
- die Information in geeigneter Modalität und Granularität präsentiert wird,
- unpräzise und unvollständige Informationseingaben vom System akzeptiert und geeignet verarbeitet werden können,
- das System robust und adaptiv gegenüber Veränderungen ist, die sich über die Zeit und durch Personenwechsel ergeben.

Kognitive Belastung entsteht einerseits durch die Komplexität der Aufgabenanforderung oder Information selbst *(intrinsic cognitive load)*, andererseits durch die Art, in der die Information präsentiert wird *(extrinsic cognitive load)* (Sweller et al, 2011). Bei komplexen Aufgaben können Hierarchisierung und Segmentierung der Information helfen, die intrinsische Komplexität zu reduzieren. Zudem sollten nur relevante Aspekte der Information präsentiert werden, um sogenannte *dilusion effects* zu vermeiden (Miller, 2019). Auch die angemessene Wahl der Modalität, in der die Information präsentiert wird, hat einen Einfluss auf die kognitive Belastung. Abstrakte Informationen werden in der Mensch-Mensch-Kommunikation üblicherweise sprachlich übermittelt, bei grundlegenden perzeptuellen, insbesondere visuellen Kategorien ist eine Informationsübermittlung in Form von bildhafter Information dagegen oft effizienter (Slough und McTigue, 2010). Visuelle Hinweisreize sind zudem hilfreich, um gezielt die Aufmerksamkeit auf bestimmte Information zu lenken (Chun, 2000).

Menschliche Informationsverbeitung ist zudem überwiegend qualitativ. So werden Unterschiede zwischen metrischen Größen oder Trends in Zeitreihen typischerweise qualitativ repräsentiert und verarbeitet. Entsprechende Modelle zum qualitativen Schließen werden sowohl im Bereich KI (Bobrow, 1984) als auch in der Kognitionspsychologie entwickelt (Johnson-Laird, 1980).

Die genannten Aspekte betreffen die Kommunikation vom System zum Menschen. Umgekehrt müssen menschzentrierte KI-Systeme so umgesetzt werden, dass sie robust gegenüber unpräzisen und unvollständigen Eingaben sind. Zudem muss mitbedacht werden, dass sich Urteile intrapersonell über die Zeit verschieben können und dass im größeren Kontext der Arbeitsorganisation zu erwarten ist, dass zu verschiedenen Zeitpunkten verschiedene Personen mit dem System interagieren. Hier ist zu erwarten, dass verschiedene Personen mehr oder minder unterschiedliche Beurteilungskriterien haben. Zudem können je nach Aufgabenkontext, aktueller Belastung und aufgrund persönlicher Unterschiede, verschiedene Arten der Informationspräsentation präferiert werden (Ellwart et al, 2019).

Die Berücksichtigung dieser Aspekte kann aber nur gewährleisten, dass eine interaktive Nutzung mit menschlichen Nutzern möglich ist. Dies ist aber nicht ausreichend, um auch Vertrauen und Akzeptanz zu schaffen. Solche Aspekte sind gerade im industriellen Umfeld von hoher Relevanz, da hier eine (ethische) Verantwortung gegenüber Kunden, Gesetzgebern und Mitarbeitern besteht. Letztere haben häufig die Befürchtung, dass sie durch autonome intelligente Systeme ersetzt werden könnten. In den meisten Kontexten ist jedoch davon auszugehen, dass die komplexen Prozesse nur durch geeignete Kooperation von Mensch und Maschine realisierbar sind. Entsprechend muss deutlich vermittelt werden, dass es teilweise zwar eine neue Aufgabenverteilung zwischen Mensch und Maschine geben wird, aber die menschliche Expertise unverzichtbar ist.

Forschung zur menschzentrierten KI adressiert die beschriebenen kognitiven und organisatorischen Anforderungen durch die Entwicklung entsprechender Methoden. Insbesondere werden Erklärbarkeit, Fairness und Validierbarkeit von KI-Systemen betrachtet. Der Fokus ist dabei auf die Umsetzung dieser Anforderungen für datenintensive Ansätze des tiefen Lernens gerichtet, da hier die gelernten Modelle selbst für die Entwickler nicht nachvollziehbar und nicht transparent sind.

Um Modelle korrigierbar zu machen, werden zunehmend interaktiv lernende Systeme entwickelt (Holzinger, 2016), bei denen Menschen die Ausgaben eines Systems korrigieren können. Die Korrekturen werden dann zur Adaptation des Systems genutzt. Um die Interaktion geeignet zu gestalten, bedarf es Ansätze, die die Systementscheidung sowie die für die Entscheidung genutzte Information transparent und nachvollziehbar machen. Diese Anforderung wird vom Forschungsgebiet Erklärbare KI (*explainable AI*, XAI) adressiert (Abschn. 5). Zur Kommunikation mit Domänenexperten sind visuelle XAI-Ansätze häufig nicht aussagestark genug. Um komplexe Zusammenhänge zu kommunizieren sind häufig verbale oder andere Arten symbolischer Erklärungen notwendig (Schmid, 2021), im Zweifel unter Verwendung eines mehrschrittigen Dialogs (Finzel et al, 2021). Generell ist aber zu beachten, dass Erklärungen nicht zu komplex sein sollten, um die kognitive Belastung gering zu halten (Ai et al, 2021).

Erklärungen sind ebenfalls relevant, um die Korrektheit und Fairness von gelernten Modellen überprüfbar zu machen. So konnte in einem psychologischen Experiment gezeigt werden, dass Erklärungen sowohl das Verständnis von Systementscheidungen als auch das Vertrauen in das System erhöhen können (Thaler und Schmid, 2021). Allerdings ist dabei zu gewährleisten, dass die generierten Erklärungen auch tatsächlich die Systementscheidungen abbilden, damit das Vertrauen ins System gerechtfertigt ist (Teso und Kersting, 2019).

5   Methoden zur Erklärung von KI

XAI hat viele Facetten (Abb. 2). Es kann in verschiedenen Situationen und auf verschiedene Arten genutzt werden (Miller, 2019; Barredo Arrieta et al, 2020; Vilone und Longo, 2020). Erklärbares maschinelles Lernen bietet das Potenzial, Stakeholdern Einblicke in das Modellverhalten zu geben, indem verschiedene Methoden verwendet werden.

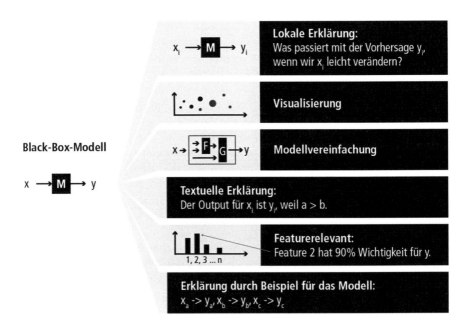

Abb. 2. Typen der Erklärung

Dennoch gibt es bisher noch wenig Verständnis darüber, wie Organisationen diese Methoden in der Praxis nutzen. Tab. 1 listet einige Beispiele, bei denen die XAI-Methoden Vorteile bringen können.

Einige Visualisierungswerkzeuge haben sich bereits in der kurzen Zeit, in der es sie gibt, als sehr beliebt erwiesen. Aber helfen sie auch? Obwohl viele Methoden vorgeschlagen wurden, gibt es relativ wenige experimentelle Studien, die

Tab. 1. Nutzer einer Erklärung

Für wen?	Warum?
Domänenexperte/-nutzer (z. B. Arzt)	Vertrauen in das Modell, wissenschaftliches Wissen gewinnen
Betroffene	Verstehen ihrer Situation, Überprüfung auf faire Entscheidungen
Aufsichtsbehörden und Agenturen	Bescheinigung der Gesetzeskonformität, Durchführung von Audits
Datenwissenschaftler, Entwickler	Verbesserung der Produkteigenschaften, Entwicklung neuer Funktionalitäten
Produktverantwortliche	Gewährleistung der Produkteigenschaften
Manager und Vorstandsmitglieder	Beurteilung der Einhaltung von Vorschriften, KI-Anwendungen im Unternehmen verstehen

untersucht haben, ob diese Modelle die beabsichtigten Effekte erzielen, wie z. B. Menschen dazu zu bringen, den Vorhersagen eines Modells genauer zu folgen, wenn es für sie von Vorteil ist, oder sie in die Lage zu versetzen, zu erkennen, wenn ein Modell einen Fehler gemacht hat.

Zu den Einschränkungen der Methoden gehört je nach Nutzerfall, dass man Domänenexperten zur Bewertung der Erklärungen benötigt. Es besteht das Risiko von falschen Korrelationen, die sich in Modellerklärungen widerspiegeln. Außerdem besteht häufig eine Latenz bei der Berechnung und Darstellung von Erklärungen in Echtzeit. In Altmann et al (2020) haben die Autoren mehrere Methoden untersucht und deren Limitierungen analysiert. Alle Methoden können verwendet werden, um das Verhalten und die Vorhersagen von trainierten Machine-Learning-Modellen zu erklären. Aber die Interpretationsmethoden funktionieren nur eingeschränkt wenn ein Modell Interaktionen modelliert, wenn Merkmale stark miteinander korrelieren, wenn das Modell kausale Zusammenhänge nicht korrekt modelliert oder wenn die Parameter der Interpretationsmethode nicht richtig gesetzt sind.

6   Interaktive KI-Methoden

Die grundlegende Idee interaktiver KI-Methoden ist die Integration des Menschen in KI-Verfahren um eine Kooperation und Adaption zu ermöglichen. Hierbei wird der im Regelfall statische Prozess des Sammelns, Trainierens und Anwendens von Daten durch einen iterativen Zyklus ersetzt (Abb. 3). Das heißt, dass der Anwender iterativ neue Daten erzeugen kann, die das gelernte Modell verändern oder verbessern. Hierbei müssen die in Abschn. 4 genannten Aspekte berücksichtigt werden, wobei die in Abb. 4 genannten Eigenschaften des interaktiven Ansatzes genutzt werden können.

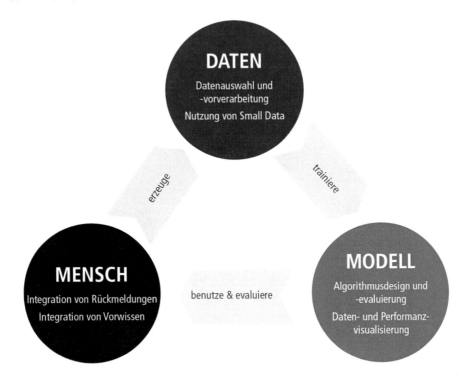

Abb. 3. Interaktiver KI-Zyklus

6.1 Kognitive Belastung

Um die kognitive Belastung (Abschn. 4) des Anwenders zu reduzieren, kann *aktives Lernen* (Settles, 2012) genutzt werden, womit die Anzahl der gestellten Rückfragen minimiert wird. Klassisches *aktives Lernen* verwendet so genannte poolbasierte Ansätze, bei denen davon ausgegangen wird, dass ungelabelte Daten vorhanden sind und es ausreicht, eine Teilmenge für die Auswertung auszuwählen. Eine Alternative ist das *aktive Lernen* mit Zugehörigkeitsabfragen (Wang et al, 2015), bei dem angenommen wird, dass wir völlig neue Datenpunkte eines bekannten Datenraums anfordern können. Beispielsweise haben wir eine abstrakte Beschreibung von Bildern und können neue Bilder abfragen, indem wir eine neue abstrakte Beschreibung definieren. Im Allgemeinen sollte auch berücksichtigt werden, dass viele moderne Methoden des *aktiven Lernens* probabilistische Informationen verwenden (Kirsch et al, 2019) oder kalibrierte Konfidenzen annehmen (Wang et al, 2017), weshalb diese von fortschrittlichen Methoden des *probabilistischen Lernens* profitieren können.

Vor allem Ansätze mit Zugehörigkeitsabfragen sind für Parametrierungsaufgaben von Relevanz. Diese Verfahren erlauben es, Parametersätze zu bestimmen, auch wenn diese bisher noch nicht ausprobiert worden sind.

6.2   Qualitative Aussagen

Da Menschen nur schwer in der Lage sind, quantitative Aussagen zu treffen (Abschn. 4), ist es von Vorteil, qualitative Bewertungsschemata anzuwenden. Diese sind bereits in diversen Anwendungen zu finden, wie bei ordinalen Produktbewertungen oder impliziten, paarweise Präferenzaussagen (durch Anklicken) bei Suchmaschinen.

Abb. 4. Ansatz mit interaktiver KI

Allgemein lassen sich qualitative Aussagen als Präferenzen interpretieren, da auch eine ordinale Bewertung eine implizite, paarweisen Präferenz über Beispiele mit einem niedrigeren Rang darstellt. Auch regelbasierte Präferenzaussagen lassen sich in einen paarweisen Vergleich übertragen. Somit sind *präferenzbasierte Lernmethoden* (Fürnkranz und Hüllermeier, 2010) eine wichtige Verfahrensklasse für interaktive KI-Methoden. Zudem lassen sich diese Methoden auch für Probleme mit Entscheidungssequenzen nutzen (Wirth et al, 2017).

Für Parameterisierungsprobleme werden solche Methoden genutzt, um menschliches Wissen maschinell erfassen zu können. Hierbei können Domänenexperten bekannte oder neue Beispiele mit allgemeinen Regeln bewerten oder direkt untereinander vergleichen. Mit dieser Information kann eine Bewertungsfunktion abgeleitet werden, welche alle Aussagen so weit wie möglich erfüllt. Die hierdurch gelernte Bewertungsfunktion ermöglicht es, nun nicht nur automatisiert Bewertungen vorzunehmen, sondern auch das implizite „Gefühl" (Abschn. 2) explizit darzustellen. Somit kann die gewonnene Information überprüft oder zum Anlernen neuer Mitarbeiter genutzt werden.

6.3   Unpräzise Signale

Wie in Abschn. 4 beschrieben, ist es für Menschen schwierig präzise Bewertungen vorzunehmen. Das heißt, auch die qualitativen Aussagen können nicht als komplett korrekt und präzise angenommen werden, sondern sollten als beste Schätzung angesehen werden.

Daher sollten für interaktive Anwendungen keine deterministischen, sondern *probabilistische Verfahren* (Murphy, 2021) oder *fuzzy reasoning* (Wu, 2014) verwendet werden. Diese ermöglichen es, Schlüsse über die Korrektheit von Aussagen zu nutzen oder zu lernen. Somit ist es möglich, Modelle zu finden, welche alle Aussagen nur soweit wie möglich erfüllen.

Diese Eigenschaft ist auch nötig, um mit dem Problem der Veränderlichkeit (Abschn. 4) umzugehen. Solange anzunehmen ist, dass es ein stationäres Modell gibt, welches die menschlichen Aussagen adäquat abbilden kann, ist es wiederum ausreichend, alle Aussagen so weit wie möglich zu erfüllen. Das heißt, es müssen eventuell zusätzlich Datenpunkte erhoben werden (mithilfe des *aktiven Lernens*), aber es wird davon ausgegangen, dass die menschliche Bewertung im Durchschnitt keiner zeitlichen Veränderung unterliegt.

6.4   Black-Box-Optimierung

Bei vielen Anwendungsfällen ist zudem zu berücksichtigen, dass die Eigenschaften des zu optimierenden Modells nicht bekannt sind (Abschn. 2). Das heißt, es können nur begrenzt klassische Optimierungsverfahren wie Gradientenabstieg genutzt werden, da diese z. B. eine einzigartige, optimale Lösung annehmen. Somit ist es nötig, Verfahren der *globalen Optimierung* (Deb et al, 2002; Mockus, 2012) zu nutzen, welche wenig bis keine Annahmen über die Struktur des unterliegenden Problems benötigen. Üblich in solch einem Szenario ist die Anwendung von genetischen bzw. evolutionären Algorithmen (Deb et al, 2002), welche aber eine hohe Anzahl von Evaluierungen benötigen. Das heißt, in Fällen, bei denen die Evaluierung eines Datenpunktes menschliche Unterstützung benötigt, kommen die Probleme der kognitiven Belastung wieder zum Tragen (Abschn. 4).

Eine Alternative stellt Bayesian Optimization (Mockus, 2012) dar, welche deutlich effizienter ist, aber begrenzt in der Größe des verwendbaren Datenraums. Diese Verfahren kombinieren *probabilistisches Lernen* mit *aktivem Lernen,* um einen bekannten Lösungsraum nach einer guten Lösung zu durchsuchen.

7   Ausblick

Humanzentrierte KI ist von großer Bedeutung, gerade im industriellen Umfeld, da diese Methoden die Akzeptanz neuer KI-Ansätze verbessern können. Zudem ermöglichen Mensch-Maschine-Kooperationen neue Anwendungsfelder, die mit klassischen KI-Verfahren nicht erschlossen werden können. Um eine praxisorientierte Nutzung zu gewährleisten, müssen aber verschiedenste Perspektiven gemeinschaftlich berücksichtigt werden. Die psychologische, ethische und regulative Perspektive stellen unterschiedliche Anforderungen an die technische Seite, welche auf interaktiven und erklärbaren KI-Verfahren basiert. Zudem erzeugt die technologische Perspektive aber Annahmen und Limitierungen die wiederum psychologisch und ethisch betrachtet werden müssen. Daher sehen wir für die Zukunft einen Bedarf an domänenübergreifenden Entwicklungsprojekten, wie das vom BMBF geförderte Projekt „humanzentrierte KI in der Chemischen

Industrie" welches in 2021 gestartet ist und sich dem Ziel eines ganzheitlichen Lösungsansätzes widmet. Durch das Einbinden aller Interessengruppen kann durch solche Projekte bereits während der Entwicklung die Grundlage für die nötige Akzeptanz neuer KI-Methoden geschaffen werden.

Literatur

Ai, L., Muggleton, S.H., Hocquette, C., Gromowski, M., Schmid, U.: Beneficial and harmful explanatory machine learning. Mach. Learn. **110**(4), 695–721 (2021)

Altmann, T., et al.: Limitations of interpretable machine learning methods. https://compstat-lmu.github.io/iml_methods_limitations/ (2020)

Barredo Arrieta, A., et al.: Explainable artificial intelligence (XAI): concepts, taxonomies, opportunities and challenges toward responsible AI. Inf. Fusion **58**, 82–115 (2020)

Bobrow, D.G.: Qualitative reasoning about physical systems: an introduction. Artif. Intell. **24**(1–3), 1–5 (1984)

Chun, M.M.: Contextual cueing of visual attention. Trends Cognit. Sci. **4**(5), 170–178 (2000)

Deb, K., et al.: A fast and elitist multiobjective genetic algorithm: NSGA-II. IEEE Trans. Evol. Comput. **6**(2), 182–197 (2002)

Ellwart, T., et al.: Intentional forgetting in socio-digital work systems: system characteristics and user-related psychological consequences on emotion, cognition, and behavior. AIS Trans. Enterp. Syst. **4**(1). https://www.aes-journal.com/index.php/ais-tes/article/view/16 (2019)

Finzel, B., Taer, D., Scheele, S., Schmid, U.: Explanation as a process: user-centric construction of multi-level and multi-modal explanations. In: KI 2021: Advances in Artificial Intelligence—44th German Conference on AI, S. 80–94, Springer, Heidelberg. https://dblp.uni-trier.de/rec/conf/ki/FinzelTSS21.html?view=bibtex (2021)

Fürnkranz, J., Hüllermeier, E. (Hrsg.).: Preference Learning. Springer, Heidelberg (2010)

Holzinger, A.: Interactive machine learning (IML). Inform.-Spektrum **39**(1), 64–68 (2016)

Johnson-Laird, P.N.: Mental models in cognitive science. Cognit. Sci. **4**(1), 71–115 (1980)

Kirsch, A., et al.: Batchbald: efficient and diverse batch acquisition for deep Bayesian active learning. In: Advances in Neural Information Processing Systems 32: Annual Conference on Neural Information Processing Systems, S. 7024–7035 (2019)

Miller, T.: Explanation in artificial intelligence: insights from the social sciences. Artif. Intell. **267**, 1–38 (2019)

Mockus, J.: Bayesian Approach to Global Optimization: Theory and Applications. Mathematics and its Applications. Springer, Netherlands (2012)

Murphy, K.P.: Probabilistic Machine Learning: An introduction. MIT Press, Cambridge, MA. https://probml.ai (2021)

Schmid, U.: Interactive learning with mutual explanations in relational domains. In: S. Muggleton and N. Chater (Hrsg.). Human-like Machine Intelligence, S. 337–353. Oxford University Press, Oxford (2021)

Settles, B.: Active Learning. Morgan & Claypool Publishers, San Rafael, CA (2012)

Slough, S.W., McTigue, E.M.: Introduction to the integration of verbal and visual information in science texts. Read. Psychol. **31**(3), 206–212 (2010)

Sweller, J., Ayres, P., Kalyuga, S.: Cognitive Load Theory, Explorations in the Learning Sciences, Instructional Systems and Performance Technologies, Bd. 1. Springer, Heidelberg (2011)

Teso, S., Kersting, K.: Explanatory interactive machine learning. In: Proceedings of the 2019 AAAI/ACM Conference on AI, Ethics, and Society, S. 239–245 (2019)

Thaler, A., Schmid, U.: Explaining machine learned relational concepts in visual domains effects of perceived accuracy on joint performance and trust. In: Proceedings of the 43rd Annual Meeting of the Cognitive Science Society, Cognitive Science Society, S. 1705–1711 (2021)

Vilone, G., Longo, L.: Explainable artificial intelligence: a systematic review. CoRR abs/2006.00093. https://arxiv.org/abs/2006.00093 (2020)

Wang, K., et al.: Cost-effective active learning for deep image classification. IEEE Trans. Circuits Syst. Video Technol. **27**(12), 2591–2600 (2017)

Wang, L., et al.: Active learning via query synthesis and nearest neighbour search. Neurocomputing **147**, 426–434 (2015)

Wirth, C., Akrour, R., Neumann, G., Fürnkranz, J.: A survey of preference-based reinforcement learning methods. J. Mach. Learn. Res. **18**(136), 1–46 (2017)

Wu, Q.: Knowledge granulation, rough entropy and uncertainty measure in incomplete fuzzy information system. Comput. Inform. **33**(3), 633–651 (2014)

Konzept zur zielgerichteten Kompetenzentwicklung für Initiativen des Maschinellen Lernens

Thorben Panusch[1]([✉]), Jan Büscher[1], René Wöstmann[1], und Jochen Deuse[1,2]

[1] Institut für Produktionssysteme, TU Dortmund, Leonhard-Euler-Straße 5, 44227 Dortmund, Deutschland
{Thorben.Panusch,Jan.Buescher,Rene.Woestmann, Jochen.Deuse}@ips.tudortmund.de
Jochen.Deuse@uts.edu.au

[2] Centre for Advanced Manufacturing, University of Technology Sydney, Sydney, Australia

Zusammenfassung. Durch die fortschreitende Digitalisierung und Automatisierung sind Unternehmen einem stetigen Transformationsprozess ausgesetzt. Dadurch entfallen alte Berufsbilder und gleichzeitig entstehen völlig neue Berufe mit veränderlichen und digitalen Kompetenzanforderungen. Um zu verhindern, dass der technologische Wandel mit einem Talentmangel, Massenarbeitslosigkeit und wachsender Ungleichheit einhergeht, müssen Unternehmen eine aktive Rolle bei der Unterstützung ihrer bestehenden Belegschaft durch Weiterbildung und Höherqualifizierung übernehmen. Dies ist besonders wichtig, da es einen positiven Kreislauf zwischen neuen Technologien und Weiterbildungen gibt. Die Einführung neuer Technologien fördert das Unternehmenswachstum, die Schaffung neuer Arbeitsplätze und den Ausbau bestehender Arbeitsplätze. Voraussetzung dafür ist, dass Mitarbeiter durch kontinuierliche Umschulung und Weiterbildung mit zukunftssicheren Fähigkeiten ausgestattet sind, um neue Chancen wahrzunehmen. Hierzu zählen besonders Kompetenzen im Bereich des Maschinellen Lernens (ML), das bisher ungeahnte Potenziale zur Wissensgewinnung eröffnet und so einen entscheidenden Erfolgsfaktor für Unternehmen bilden kann. Der Aufbau von digitalen Kompetenzen stellt jedoch für Unternehmen eine signifikante Herausforderung dar, besonders für kleine und mittlere Unternehmen. Oft fehlen für Weiterbildungen die zeitlichen und finanziellen Freiräume oder das notwendige Know-how. Zudem ist der Weiterbildungsmarkt äußerst unübersichtlich, was die Identifikation geeigneter Weiterbildungen erschwert. Um diese Problematik zu adressieren, wird in diesem Beitrag ein Konzept vorgestellt, das Unternehmen unterstützen soll, geeignete Maßnahmen zum zielgerichteten Aufbau von ML-Kompetenzen abzuleiten. Dies eröffnet Unternehmen einen Überblick über erforderliche Kompetenzen und Rollen, die mit den vorhandenen Kompetenzen im Unternehmen abgeglichen werden können. Ferner

E. A. Hartmann (Hrsg.): *Digitalisierung souverän gestalten II*, S. 93–109, 2022.
https://doi.org/10.1007/978-3-662-64408-9_8

werden aktuelle Weiterbildungsmöglichkeiten vorgestellt, auf deren Grundlage ein Schulungskatalog aufgebaut wird. Dieser erlaubt es, die identifizierten Kompetenzlücken mit geeigneten Weiterbildungen zu adressieren.

Schlüsselwörter: Kompetenzentwicklung · Maschinelles Lernen · Digitale Souveränität

1 Einleitung

Im letzten Jahrzehnt hat eine Reihe von bahnbrechenden, neu entstandenen Technologien den Beginn der vierten industriellen Revolution eingeläutet (Zahidi et al. 2020). Da sich dadurch die Grenzen zwischen den von Menschen und den von Maschinen sowie Algorithmen ausgeführten Arbeitsaufgaben rapide verschieben, sind die globalen Arbeitsmärkte einem tiefgreifenden Wandel unterworfen. Im Zuge dieser Entwicklung versuchen Unternehmen, neue und aufkommende Technologien zu nutzen, um eine höhere Effizienz in der Produktion zu erreichen, in neue Märkte zu expandieren und mit neuen Produkten um eine globale Kundenbasis zu konkurrieren (Leopold et al. 2018).

Im Mittelpunkt steht dabei die zunehmende Digitalisierung und Verbreitung von Informations- und Kommunikationstechnologien (IKT), wodurch der Aufbau dynamischer Datenspeicher bisher unbekannter Größe und Güte ermöglicht wird (Eickelmann et al. 2015). Die Auswertung und effiziente Nutzung des in den gespeicherten Datenmengen implizit vorhandenen Wissens zur Entscheidungsunterstützung wird in produzierenden Unternehmen immer wichtiger. Eine Möglichkeit dazu bieten die Methoden des Maschinellen Lernens (ML). Diese ermöglichen, nicht triviale und bisher unbekannte Strukturen und Zusammenhänge in großen Datenmengen zu entdecken (Deuse et al. 2014; Fayyad et al. 1996). Die so gewonnenen Erkenntnisse bilden in Kombination mit dem praktischen Erfahrungswissen der Mitarbeiter zukünftig einen wesentlichen Erfolgsfaktor für Unternehmen (Deuse et al. 2014).

Durch die industrielle Transformation und die Einbringung neuer Technologien verändern sich allerdings auch die Kompetenzanforderungen an die Mitarbeiter der Unternehmen (Boockmann et al. 2021; Leopold et al. 2018). Dieser Trend hat sich durch die Coronakrise nochmals beschleunigt. Dabei prognostizierte das Weltwirtschaftsforum 2020, dass bis 2025 weltweit 85 Mio. Arbeitsplätze durch die Automatisierung entfallen, während 97 Mio. völlig neue Berufe an der Schnittstelle Mensch, Maschine und Algorithmus entstehen. Doch auch bei den Mitarbeitern, die in ihren Funktionen verbleiben, werden sich die Kernqualifikationen um 40 % ändern. Insgesamt werden so 50 % aller Angestellten eine Weiterbildung benötigen (Zahidi et al. 2020). Laut einer Studie mit 3000 befragten Fach- und Führungskräften sehen 59 % jetzt schon einen Mangel an Kompetenzen mit Hinblick auf die digitale Arbeitswelt. 64 % unter den befragten Führungskräften und Personalern erwarten sogar, dass die Kompetenzlücken noch größer werden. Dabei fehlen Kompetenzen besonders im Bereich der IT und Datenanalyse (Dettmers et al. 2021). Dieser Mangel ist in kleinen und mittleren Unternehmen (KMU) noch gravierender als in großen Unternehmen (Czernich et al. 2019).

Um beschäftigungsfähig zu bleiben und berufliche Entwicklungschancen nutzen zu können, ist es daher für Mitarbeiter unerlässlich, durch regelmäßige Weiterbildungen kontinuierlich neues Wissen und neue Kompetenzen zu erwerben und sich so an die neuen beruflichen Anforderungen anzupassen (Boockmann et al. 2021). Zusätzlich sollten Regierungen ein günstiges Umfeld schaffen, um diese Bemühungen zu unterstützen. Gleichzeitig müssen auch Unternehmen durch Umschulungen und Höherqualifizierungen eine aktive Rolle bei der Unterstützung ihrer bestehenden Belegschaft übernehmen. Damit Unternehmen in einer digitalisierten Industrie differenziert, wettbewerbsfähig und digital souverän bleiben, müssen sie in ihr Humankapital investieren, das sie als Vermögenswert und nicht als Belastung betrachten sollten. Nur durch proaktive Ansätze können Unternehmen und Mitarbeiter das wirtschaftliche Potenzial der vierten industriellen Revolution ausschöpfen (Leopold et al. 2018).

Für Unternehmen und im Besonderen für KMU stellen der Aufbau von digitalen Kompetenzen, wie etwa im Bereich des ML, und die Implementierung von Weiterbildungsmaßnahmen große Herausforderungen dar. Voraussetzung, um diese zu meistern, ist das Vorhandensein einer digitalen Strategie. Diese legt die allgemeinen Ziele der im Unternehmen zu entwickelnden oder einzusetzenden digitalen Anwendungen fest. Dazu werden genaue Kenntnisse über die Potenziale dieser Anwendungen benötigt. Die digitale Strategie ist vom digitalen Reifegrad des Unternehmens abhängig, wobei vorab geprüft werden muss, in welchen Bereichen es überhaupt technisch und operativ möglich ist, digitale Methoden wie des ML anzuwenden. In KMU ist eine solche digitale Strategie häufig jedoch nicht vorhanden (Plattform Lernende Systeme 2021). Laut einer repräsentativen Umfrage haben erst 40 % überhaupt die erforderlichen Digitalkompetenzen identifiziert. Überdies bilden nur 20 % der Unternehmen ihre Mitarbeiter unterhalb des höheren Managements in digitalen Kompetenzen weiter. Hierfür sind mehrere Gründe verantwortlich. So mangelt es oft an dem nötigen Know-how über digitale Innovationspotenziale, wodurch Innovationsprozesse und digitale Strategien nicht initiiert werden können. Des Weiteren fehlen die zeitlichen Freiräume, um sich mit Weiterbildungen auseinanderzusetzen und diese durchzuführen. Außerdem stehen dafür nicht immer genügend finanzielle Mittel zur Verfügung, was durch die Coronakrise noch verschärft wurde. Vor allem für KMU sind das häufige Hindernisse. Ein weiteres Problem ist die Intransparenz des Weiterbildungsmarktes, die es Unternehmen erschwert, ein passendes Angebot zu identifizieren. Es gibt rund 18.000 Anbieter, darunter staatliche Bildungsträger, Privatakademien, Berufsverbände, Gewerkschaften und Arbeitgeberorganisationen (Bertelsmann Stiftung 2018; Morik et al. 2010; Nöhring 2021; Obmann 2021).

Generell besteht zwischen Industrie und Forschung ein Konsens über die Bedeutung eines gezielten Aufbaus digitaler Kompetenzen, insbesondere im Bereich des ML (acatech 2016). Auch die Regierung unterstützt das Bestreben und hat dafür 2019 das Qualifizierungschancengesetz erlassen (Obmann 2021; Gillmann 2021). Allerdings benötigen Unternehmen und im Speziellen KMU aufgrund der beschriebenen Probleme Unterstützung bei der Weiterbildung von Mitarbeitern in digitalen Themen wie ML. Aus diesem Grund wurde ein Konzept entwickelt, das Unternehmen erlaubt, zielgerichtet Maßnahmen zum Aufbau von Kompetenzen abzuleiten, die für die Umsetzung von ML-Anwendungen notwendig sind.

Hierfür werden in Abschn. 2 die einzelnen Rollen und Kompetenzen ausgeprägt, die für das interdisziplinäre Arbeiten bei der Umsetzung von ML-Projekten erforderlich sind. Dies ermöglicht Unternehmen, einen Überblick über die erforderlichen Kompetenzen einer bestimmten Rolle in Form eines Zielprofils zu erlangen. Um etwaige Kompetenzlücken mithilfe eines Soll-Ist-Vergleichs zu identifizieren, müssen die vorhandenen Kompetenzen der entsprechenden Mitarbeiter zunächst erfasst werden. Zu diesem Zweck werden in Abschn. 3 die wissenschaftlichen Methoden zur Kompetenzerfassung vorgestellt und diskutiert. Darauf aufbauend wird die optimale Methode für den vorliegenden Anwendungsfall ausgewählt. In Abschn. 4 wird ein allgemeiner Überblick über das aktuelle Angebot an Weiterbildungen gegeben. Dies soll zum einen Klarheit über den Weiterbildungsmarkt bringen. Zum anderen werden die verschiedene Angebote mit ihren unterschiedlichen Charakteristiken für den Aufbau eines Schulungskatalogs verwendet. Dieser wird im Rahmen des Konzepts entwickelt, um mithilfe einer zielgerichteten Ableitung von Weiterbildungen identifizierte Kompetenzlücken zu adressieren. In Abschn. 5 wird dann das erarbeitete Konzept vorgestellt, das die Vorarbeiten aus den Abschn. 2, 3 und 4 zusammenführt. Der Beitrag schließt in Abschn. 6 mit einer kurzen Zusammenfassung und einem Ausblick auf die weiteren Schritte ab.

2   Rollen und Zielkompetenzen interdisziplinärer ML-Teams

Die Differenzierungsmöglichkeiten von Berufsbilden und erforderlichen Kompetenzprofilen für die zukünftige Arbeitswelt in produzierenden Unternehmen und insbesondere im Maschinen- und Anlagenbau sind vielfältig und Gegenstand diverser Forschungsarbeiten. Reckelkamm und Deuse (2021) leiten basierend auf einer Literaturrecherche die Kategorien der Fach-, Sozial-, Methoden- und Selbstkompetenz als wesentliche Handlungsfelder ab. Detailliertere Analysen zu erforderlichen ML-Kompetenzen in der produzierenden Industrie bieten Schulte et al. (2020), Zschech et al. (2018) und Bauer et al. (2018).

Da Produkte, Prozesse und Anlagen, und damit verbunden ebenfalls Probleme, Lösungsmuster und Services, zunehmend komplexer werden, gewinnen interdisziplinäre Teamzusammenstellungen an Bedeutung (Saltz und Grady 2017). Obwohl die identifizierten Kompetenzen für einen allgemeinen Überblick nützlich sind, müssen jedoch Rollen und Akteure gleichermaßen spezifiziert werden. In der

Literatur finden sich sowohl theoretische Modelle für die generelle Zusammensetzung von ML-Teams, beispielsweise Saltz und Grady (2017), als auch praxisorientierte Leitfäden, beispielsweise RapidMiner (2020). Diese adressieren jedoch die Domäne der Produktion nur unzureichend oder verlieren sich in Details.

Um diese Lücke zu schließen, wurde basierend auf den Arbeiten von Schulte et al. (2020), Stark et al. (2019) und Reckelkamm und Deuse (2021) ein Rollenmodell zur Bildung interdisziplinärer Kompetenzprofile erarbeitet. Es besteht aus den Rollen IT, Domänenexperte, Data Scientist und Management, deren jeweilige Aufgaben durch einen ausgewählten Citizen Data Scientist in einer zentralen Orchestrierungsrolle integriert werden. Eine detaillierte Vorstellung der Aufgabenprofile erfolgt in Deuse et al. (2021). Die Grundlage sowohl für die Abgrenzung der Rollen als auch für die Ausgestaltung der Kompetenzprofile bildeten iterative Workshops mit Anwendern und Führungskräften aus der produzierenden Industrie, Maschinen- und Anlagenbauern, Data Scientists, IT-Unternehmen sowie Forschungseinrichtungen. Die Ausprägungen der Kompetenzprofile wurden differenziert in keine Kompetenz (0) und grundlegende Informationen (1), die durch Anwendung und Vernetzung zu Wissen (2) werden. Dieses wird durch Bereitschaft und praktische Erfahrung zur Kompetenz (3) erweitert. Die höchste Stufe (4) adressiert die Fähigkeit zur Synthese und Bewertung unterschiedlicher Ansätze und Disziplinen. Die Abstufungen orientieren sich somit an der Wissenstreppe nach North et al. (2016) sowie dem Stufen-Taxonomie-Modell nach Bloom und Engelhart (1976). In Abb. 1 werden die Rollen sowie deren spezifische Kompetenzprofile detailliert vorgestellt. Die teilweise ungeraden Werte der Kompetenzstufen im folgenden Abschnitt resultieren aus dem Prozess der Einzelbefragung von Industrie- und Forschungsexperten und der anschließenden Kombination der Bewertungen, um ein valideres Gesamtbild zu erhalten.

Die ausgeprägten Rollen vereinen unterschiedliche charakteristische Kompetenzprofile, die auf ihre individuellen Anforderungen ausgerichtet sind. Während die Kompetenzanforderungen des Data Scientist insbesondere Methoden und Verfahren des ML und der Statistik adressieren, bündeln IT-Abteilungen Kompetenzen im Datenmanagement sowie in der Informations- und Kommunikationstechnik. Daneben bringen Domänenexperten ihr spezifisches Domänenwissen in die Problemspezifizierung und die Bewertung von Lösungen ein. Das Management initiiert und evaluiert primär Projekte, nimmt jedoch keine aktive Rolle in der Bearbeitung ein. Es bedarf daher keiner ausgeprägten Fachkompetenzen, verfügt aber über höhere Sozial-, Selbst- und besonders Methodenkompetenzen. Der Orchestrierer, der von einem ausgewählten Citizen Data Scientist verkörpert wird, ist der einzige Akteur, der Grundlagen aller Disziplinen und somit Fachkompetenzen vereint. Da er zusätzlich aber auch im operativen Projektmanagement in der Verantwortung steht, hat er für die erfolgreiche Durchführung von Data-Science-Initiativen hohe Methoden-, Sozial- und Selbstkompetenzen aufzuweisen.

	Management	Citizen Data Scientist	Domänen-experte	IT	Data Scientist
Domänenwissen	2,0	2,6	3,6	1,8	1,8
Prozesswissen	2,0	2,4	3,6	1,4	1,2
Identifikation von ML-Potenzialen	1,2	3,4	2,0	1,0	3,6
Rahmenbedingungen (Qualitätstandards, Prozessrestriktionen)	2,0	2,6	3,6	1,4	1,2
Eingriffsmöglichkeiten für Deployment	2,0	2,4	3,4	3,0	2,2
Machine Learning	1,2	2,8	1,2	2,0	3,6
Software-Tools	1,2	2,6	1,0	2,6	3,6
ML-Programmiersprachen	0,4	1,8	0,8	1,6	3,6
Erstellung von Visualisierungen	0,4	2,8	1,2	1,2	3,6
Feature Engineering und Selection	0,4	2,4	1,4	1,0	3,6
Maschinelle Lernverfahren	1,2	2,8	0,8	1,2	3,6
Validierung und Gütemaße	2,0	3,0	2,2	1,4	3,6
Deployment	1,2	2,0	1,2	3,4	3,2
Statistik	1,2	1,8	1,2	1,2	3,6
Deskriptive Statistik (Metriken, Visualisierungen,...)	2,0	2,6	1,6	1,4	3,0
Multivariate Verfahren	1,2	1,8	1,2	0,6	3,6
Wahrscheinlichkeitstheorie	1,2	1,6	1,0	0,6	2,6
Zeitreihen	0,4	2,0	1,2	0,8	3,2
Datenmanagement	1,2	2,0	1,2	3,6	2,8
Datenbanktechnologien	0,4	2,0	0,6	3,6	3,2
Cloud-Lösungen	1,2	1,6	0,6	3,2	2,6
IT-Strukturen	1,2	1,8	1,4	3,6	2,0
Datenschutz- und sicherheit	1,2	1,8	1,2	3,6	1,8
Informations- und Kommunikationstechnik	1,2	1,8	2,0	3,6	2,2
Edge Computing	1,2	1,6	0,8	3,4	2,6
Automatisierungstechnik	1,2	2,0	2,4	3,0	1,4
Sensorik	1,2	2,0	2,4	2,8	1,6
Industrial Ethernet	1,2	1,4	1,0	3,6	1,4
Shopfloor-IT-Systeme	1,2	2,4	2,4	3,6	1,6
Methodenkompetenz	3,6	3,6	1,2	1,4	1,6
Lean-Methoden	3,6	3,2	1,4	0,8	1,4
"DMAIC"-Zyklus	2,0	3,3	0,8	1,0	1,8
"CRISP-DM", "KDD"...	3,6	3,6	0,6	1,4	3,6
Design Thinking	1,2	2,6	0,8	0,8	1,8
Projektmanagement	3,6	3,6	1,4	1,8	1,6
SCRUM	1,2	2,4	0,4	0,8	1,2
Präsentationstechnik	2,8	3,6	2,2	1,0	2,2
Sozialkompetenz	2,8	3,6	2,6	2,0	2,2
Teamfähigkeit	2,0	3,6	2,8	1,8	2,4
Kommunikationsfähigkeit	3,6	3,6	3,4	2,6	2,8
Konfliktfähigkeit	2,0	3,6	2,2	2,0	1,8
Mitarbeiterführung	3,6	3,4	1,0	0,8	0,8
Kooperationsbereitschaft	2,0	3,6	3,0	2,6	2,4
Einfühlungsvermögen	2,8	3,6	2,0	1,6	2,4
Selbstkompetenz	2,8	3,6	2,0	1,4	2,6
Lernbereitschaft	2,0	3,2	3,0	1,6	3,0
Anpassungsbereitschaft / Flexibilität	2,8	3,4	2,6	2,6	2,6
Neugier / Offenheit	3,6	3,4	2,0	1,6	2,6
Kreativiät	1,2	3,0	1,4	1,4	3,2

(Linke vertikale Beschriftungen: Kompetenzen; Fachkompetenz)

Abb. 1. Kompetenzprofile interdisziplinärer ML-Teams in der Produktion

3   Erfassung vorhandener Kompetenzen

Um in Zeiten der digitalen Transformation die Hoheit über Daten und Wissen zu behalten, müssen schlagkräftige Teams zur Entwicklung von neuartigen Produkten und Services in KMU verfügbar sein. Diese Tatsache steht gleichzeitig einem Kompetenz- und Fachkräftemangel in den beschriebenen Bereichen gegenüber, sodass Weiterbildungsmaßnahmen systematisch durchgeführt werden müssen. Grundlegend für den Aufbau und die Gewährleistung von erforderlichen Kompetenzen in ML-Teams ist daher zunächst, dass die vorhandenen Kompetenzausprägungen der entsprechenden Teammitglieder systematisch erfasst werden können. Im Kontext der Human- und Sozialwissenschaften unterscheiden Döring und Bortz (2016) verschiedene Datenerhebungsmethoden. Dazu zählen die Beobachtung, der psychologische Test, die mündliche Befragung (Interview), die schriftliche Befragung

(Fragebogen), die physiologische Messung und die Dokumentenanalyse. Für die Kompetenzerfassung sind nur die ersten vier Methoden geeignet. Bei physiologischen Messungen werden Merkmale körperlicher Prozesse in den menschlichen Organen gemessen. Bei der Dokumentenanalyse werden historische Dokumente ausgewertet, was eher durch einen qualitativen Charakter geprägt ist und in der Regel keine direkte Quantifizierung von Merkmalen erlaubt. Beide Methoden sind für eine präzise Erfassung von Kompetenzen nicht geeignet. Als Voraussetzung für alle Methoden ist im Rahmen der Operationalisierung ein standardisiertes Erhebungsinstrument, wie beispielsweise ein Beobachtungsplan, Interviewleitfaden, Fragebogen oder Kategoriensystem, zu erstellen. Dazu wird zur Durchführung der Datenerhebung teilweise geschultes Personal benötigt (Döring und Bortz 2016). Insbesondere für KMU besteht hierbei der Bedarf, eine Erhebungsmethode zu verwenden, die einerseits möglichst wenig Aufwand erfordert und andererseits eine hinreichende Validität hinsichtlich der spezifizierten persönlichen und sachlich-theoretischen Ausprägungen bietet.

Die Datenerhebung in Form der **wissenschaftlichen Beobachtungen** zeichnet sich durch eine „direkte (…) Beobachtung allein auf Basis menschlicher Sinnesorgane" (Döring und Bortz 2016) aus. Sie ist also auf einen wissenschaftlichen Beobachter angewiesen und ist damit vergleichsweise zeit- und kostenaufwendig. Zudem sind viele subjektive Erlebensphänomene durch eine Fremdbeobachtung nicht erfassbar und müssen daher erfragt werden. Die Beobachtung stellt für die Kompetenzerfassung von Mitarbeitern bei KMU keine geeignete Methode dar. Diese Unternehmen können normalerweise nicht auf einen wissenschaftlichen Beobachter zurückgreifen. Ferner sind der zeitliche und monetäre Aufwand gegenüber anderen Methoden der Datenerhebung, wie der Befragung, zu hoch. Auch die Einschränkungen durch die Fremdwahrnehmung stellen eine wesentliche Limitierung bezüglich der Validität dar (Döring und Bortz 2016).

Psychologische Tests eignen sich besonders, um die exakte Ausprägung eines bestimmten Merkmals einer Person zu erheben, die sich durch Beobachtungen oder Selbstauskünfte nur schwer erfassen lassen. Sie sind durch eine Reihe von empirisch geprüften und vollstandardisierten Testaufgaben gekennzeichnet, die von den Testpersonen zu bearbeiten sind, zuweilen unter Zeitdruck. Psychologische Tests werden daher häufig im Bereich der Diagnostik zur psychologischen Beurteilung eingesetzt. Grundsätzlich werden sie in Persönlichkeits- und Leistungstests unterschieden. Bei den Persönlichkeitstests werden persönliche Merkmale durch eine Selbstauskunft ermittelt. Sie weisen zwar eine hohe Ähnlichkeit zu vollstandardisierten Fragebögen auf, unterliegen jedoch einer deutlich gründlicheren Überprüfung der Testgütekriterien. Leistungstests erfordern das Lösen von Testaufgaben. Dabei werden Normwerte aufgestellt, die aus Testergebnissen repräsentativer Bevölkerungsgruppen abgeleitet werden. Diese Normierung ist Grundvoraussetzung für die Beurteilung einer Einzelperson. Ein wesentlicher Nachteil von psychologischen Tests ist der erhebliche Aufwand. Dies gilt zum einen für die Erstellung und systematische Auswertung der individuellen Tests, die infolge fehlender Expertise nicht durch die Unternehmen selbst erfolgen kann. Zum anderen gilt dies auch für die Testpersonen aufgrund der umfangreichen und hohen Anzahl an Testaufgaben. Außerdem müssen Leistungstests unter Aufsicht abgehalten werden. Darüber hinaus sind psychologische Tests relativ kostenintensiv, die oft für jede Testperson Kosten verursachen. Für den vorliegenden Anwendungsfall sind psychologische Test somit trotz hoher Validität als zu aufwendig und kostenintensiv einzuordnen und deshalb nicht geeignet. (Döring und Bortz 2016)

Strukturierte mündliche und **schriftliche Befragungen** sind die verbreitetsten Formen der Datenerhebung in den empirischen Sozialwissenschaften. Die mündliche Befragung wird in Form eines Interviews und die schriftliche Befragung mithilfe eines Fragebogens durchgeführt. Als grundlegender Unterschied zwischen beiden Methoden wird bei der mündlichen Befragung eine weitere Person als geschulter Fragesteller benötigt. Daraus resultiert ein erheblich höherer Zeit- und Kostenaufwand. Die mündliche Befragung eignet sich eher bei einer größeren Anzahl an Fragen oder komplizierten Fragestellungen. So können Befragungspersonen mündlich in kürzerer Zeit mehr Informationen angeben sowie komplexe Zusammenhänge ausführlicher schildern. Die Fragebogenmethode ist dagegen durch Selbstadministration wesentlich effizienter. Damit können in kurzer Zeit die Antworten von vielen Befragungspersonen zu vielen Merkmalen gesammelt werden. Allerdings müssen sich Fragebögen im Unterschied zum Interview auf wenige und klar umschriebene Befragungsinhalte konzentrieren. Ferner fehlt die Möglichkeit der individuellen Reaktion, sodass Fragebögen weniger transparent sind als Interviews (Döring und Bortz 2016).

Zusammenfassend stellt die strukturierte Befragung aufgrund der Vergleichbarkeit, des relativ geringen zeitlichen und finanziellen Aufwands sowie der relativ hohen Validität die geeignetste Methode zur Kompetenzerfassung im Rahmen der Konzepterstellung dar. Die Grundlage für die Kompetenzerfassung bilden die in Abb. 1 ausgeprägten Kompetenzen. Gemäß Abschn. 2 sind die einzelnen definierten Rollen mit einem spezifischen Kompetenzprofil verbunden. Um eine jeweilige Rolle hinreichend ausfüllen zu können, müssen demnach die festgelegten Niveaus in den einzelnen Kompetenzen mindestens erreicht werden. Das Kompetenzprofil einer Rolle dient somit als Zielprofil für einen vorgesehenen Mitarbeiter. Folglich muss zur Überprüfung der Tauglichkeit für eine Rolle das vorhandene Niveau des entsprechenden Mitarbeiters in den in Abb. 1 ausgeprägten Kompetenzen nach dem vorgestellten Bewertungsschema von (0) bis (4) erfasst werden. Diese kohärente Kompetenzerfassung ermöglicht es, für ein Zielprofil einen Soll-Ist-Vergleich vorzunehmen. Auf diese Weise können etwaige Defizite in einzelnen Kompetenzen aufgedeckt oder das Erfüllen der Mindestanforderungen festgestellt werden. Da es sich bei der numerischen Bewertung der einzelnen Kompetenzen um ein aufwandsarmes und relativ unkompliziertes Frageschema handelt, empfiehlt es sich, die schriftliche Befragung der mündlichen vorzuziehen und als strukturierten Fragebogen durchzuführen. Die Erfassung der Kompetenzen der jeweiligen Mitarbeiter wird dabei selbstständig in den Unternehmen vorgenommen. Die Bewertung kann durch einen fachlichen und einen disziplinarischen Vorgesetzten in Abstimmung mit dem Mitarbeiter selbst erfolgen.

4   Aktuelle Weiterbildungsmöglichkeiten

In Abschn. 2 wurden die Rollen und die spezifischen Kompetenzen für die Zusammensetzung eines ML-Teams definiert. Dabei sind auch die Kompetenzstufen ausgeprägt, die mindestens erreicht werden müssen, um die jeweilige Rolle ausfüllen zu können. Dies bedeutet aber auch, dass die einzelnen Kompetenzen bei einer etwaigen Diskrepanz gezielt durch passende Weiterbildungen auf das erforderliche Niveau entwickelt werden müssen. Daraus resultiert für KMU der Bedarf nach einer Möglichkeit zur gezielten Entwicklung einzelner Kompetenzen von Mitarbeitern neben der beruflichen Tätigkeit.

Aktuell stehen hierfür diverse Weiterbildungsangebote in verschiedenen Formaten zur Verfügung. Grundsätzlich kann das Angebot in Onlinekurse und Präsenzveranstaltungen differenziert werden, wobei Onlinekurse die Mehrheit der Weiterbildungsmöglichkeiten ausmachen (Zschech et al. 2018).

Eine zentrale Position nehmen dabei Anbieter von Massive Open Online Courses (MOOC) ein, die nach der Einführung 2008 erheblich an Bedeutung gewonnen haben. Das Interesse an diesem Ausbildungsformat ist so groß geworden, dass die New York Times das Jahr 2012 zum „Jahr des MOOC" erklärte und Linkedin 2014 gar als das „Jahr des Corporate MOOC" titulierte (Nielson 2014; Pappano 2012; Siemens 2013). Bei MOOCs handelt es sich um Onlinekurse, die auf einen offenen Zugang über das Internet ausgerichtet sind und eine unbegrenzte Teilnehmerzahl erlauben. Zusätzlich zu traditionellen Kursmaterialien, wie aufgezeichneten Vorlesungen, Lektüren und Übungen, bieten viele MOOCs interaktive Kurse mit Benutzerforen, um die Interaktion zwischen Schülern und Lehrkräften zu unterstützen, sowie unmittelbares Feedback zu Prüfungsfragen und -aufgaben (Kaplan und Haenlein 2016). Ein weiteres entscheidendes Charakteristikum ist die zeitliche Unabhängigkeit, die den Teilnehmern ermöglicht, ihr Lernen je nach Lernzielen, Vorkenntnissen und Fähigkeiten bzw. eigenem Tempo selbst und asynchron zu organisieren. Obwohl manche MOOCs die Konventionen herkömmlicher Kurse mit etwa einem vordefinierten Zeitplan und wöchentlich zu behandelnden Themen teilen mögen, ist ihnen gemein, dass sie nahezu keine Gebühren fordern (McAuley et al. 2010; Pappano 2012). Als Folge können diese neuen Bildungsformate sogar einen direkten Einfluss auf Unternehmen und Organisationen haben. So könnten beispielsweise MOOCs hinreichender Güte problemlos und kosteneffizient in die firmeninterne Weiterbildung oder Corporate University integriert werden. Die Kombination aus Kosteneffizienz und Flexibilität macht dieses digitale Format besonders attraktiv für Unternehmen (Kaplan und Haenlein 2016).

Relevante MOOC-Anbieter sind Udemy, Udacity, Coursera, edX, Pluralsight, FutureLearn, iversity, Alison, LinkedIn Learning, OpenClassrooms, OpenLearning und openHPI. Zudem gibt es auch domänenspezifischere Plattformen, wie DataCamp und Cognitive Class (ehemals Big Data University). Einige Anbieter bieten sogar Kurse in Kooperation mit Universitäten oder Unternehmen an, wobei besonders international renommierte Universitäten sowie große Technologieunternehmen stark vertreten sind (Dodson et al. 2015; Edukatico 2021; Lewin 2013; Pappano 2012).

Obwohl MOOCs ihre Bekanntheit als Disruptoren der traditionellen Hochschulbildung erlangt haben, drängen MOOC-Anbieter mittlerweile mit speziellen Berufsbildungsangeboten intensiv in den Unternehmenssektor (Dodson et al. 2015). So haben sich einige Anbieter komplett auf die berufliche Weiterbildung ausgerichtet. Zudem haben viele Anbieter inzwischen Weiterbildungsprogramme speziell für Unternehmen erstellt. Unternehmen können hierbei auf Onlinekurse zugreifen und diese nach ihren Bedürfnissen kostenpflichtig auslegen (Castellano 2014). Es werden auch spezielle Angebote für den Unternehmenssektor entwickelt. So wird Unternehmen durch die Nutzung von MOOCs ermöglicht, Kosten für die Mitarbeiterschulung zu senken, Talentpipelines aufzubauen und Jobkandidaten mit nachweisbaren Fähigkeiten zu identifizieren sowie näher an Interessenten und Kunden heranzukommen (Dodson et al. 2015).

Zusätzlich zu dem Angebot der MOOC-Plattformen bieten mittlerweile auch viele Universitäten ihre eigenen Kurse und Vorlesungsreihen als Onlinekurse an. Darunter fallen auch vor allem Eliteuniversitäten, wie das MIT, die Stanford und Harvard University, die dafür neben dem Angebot auf den bekannten MOOC-Plattformen teilweise eigene Portale betreiben oder auf alternative Plattformen, wie YouTube, zurückgreifen. Darüber hinaus stellen große (Tech-)Unternehmen, wie Amazon Web Services, Microsoft, Google, SAP, IBM, SAS und Cloudera, aber auch speziell auf ML ausgerichtete Unternehmen, wie RapidMiner, eigene und auf ihre individuelle Software zugeschnittene Schulungsreihen zur Verfügung.

Es werden weiterhin auch viele traditionelle berufliche Weiterbildungen als Zertifikatskurse angeboten. Dabei gibt es zum einen In-House-Schulungen, die direkt am Arbeitsplatz durchgeführt werden. Zum anderen existieren Weiterbildungen in Form von Kursen, Seminaren und Workshops. Diese werden in der Regel als Präsenzveranstaltungen abgehalten, einige sind aber inzwischen auch als E-Learning-Angebote verfügbar. Zu den Anbietern zählen Hochschulen, die abseits der klassischen Studiengänge zertifizierte Weiterbildungen in Form des weiterbildenden Studiums zur wissenschaftlichen oder künstlerischen Vertiefung und Ergänzung berufspraktischer Erfahrungen anbieten (Nordrhein-Westfalen 2021). Neben Hochschulen existieren viele weitere staatlich anerkannte Bildungseinrichtungen, die zertifizierte berufliche Weiterbildungen offerieren. Die Zertifizierung von Bildungsträgern erfolgt durch externe private Prüfstellen (fachkundige Stellen bzw. Zertifizierungsstellen). Diese werden durch die Deutsche Akkreditierungsstelle (DAkkS) akkreditiert und überwacht (Deutscher Bildungsserver 2021; Doerr und Kruppe 2012). Derzeit gibt es 34 fachkundige Stellen, wie den TÜV (Nord, Süd, Rheinland) oder die HZA Hanseatische Zertifizierungsagentur (Bundesagentur für Arbeit 2021b). Als Vermittler von Onlinekursen und Zertifikatslehrgängen für Weiterbildungen agiert die Bundesagentur für Arbeit über ihre Kursnet-Datenbank (Bundesagentur für Arbeit 2021a). Darüber hinaus gibt es eine Vielzahl an weiteren Bildungseinrichtungen, die berufliche Weiterbildungen ohne staatliche Zertifizierung anbieten.

Unter Hochschulen und Bildungseinrichtungen, die spezifische Weiterbildungen für Data Science bzw. ML anbieten, sind beispielsweise die Technische Universität Dortmund, die Ludwig-Maximilians-Universität München, die Westfälische Wilhelms-Universität Münster und die Zürcher Hochschule für angewandte Wissenschaften, die TDWI-Akademie, die Bitkom Akademie und die Fraunhofer Academy vertreten.

Auf der Grundlage der identifizierten aktuellen beruflichen Weiterbildungsmöglichkeiten wird beispielsweise im Rahmen des ML2KMU-Projekts[1] ein Schulungskatalog aufgebaut. Dabei werden Weiterbildungen berücksichtigt, welche die ausgeprägten Kompetenzen aus Abb. 1 adressieren. Der Katalog vereint das heterogene Feld der aktuellen Weiterbildungsmöglichkeiten in einer Datenbank und erlaubt es, Angebote anhand der individuellen Spezifikationen zu vergleichen. Dadurch können die für den jeweiligen vorliegenden Qualifikationsbedarf am besten geeigneten Weiterbildungen abgeleitet werden. Dazu werden die Kurse zum einen entsprechend ihrer Charakteristiken eingeordnet, wie Dauer, Aufwand, Kosten, Zugangsvoraussetzungen, Zielgruppe, Kursformat und Anwesenheitsform, Sprache, Fachgebiet sowie Abschlusszertifizierung. Bei MOOC-Plattformen wird die Integration anhand der verschiedenen Kursanbieter weiter aufgegliedert. Zum anderen werden die Kurse bezüglich ihres fachlichen Einstiegsniveaus sowie des Niveaus der zu erreichenden Qualifizierung in den einzelnen Kompetenzen bewertet. Die Bewertung wird dabei entsprechend den in Abschn. 2 ausgeprägten Kompetenzen und den vorgestellten Bewertungsstufen von (0) bis (4) vorgenommen, um einen konsistenten Abgleich mit den Kompetenzprofilen der einzelnen Rollen eines ML-Teams zu gewährleisten. Auf diese Weise kann das Kursangebot auf das individuelle Anforderungsprofil der Unternehmen und der zu qualifizierenden Mitarbeiter abgestimmt werden. Auch werden spezielle Weiterbildungsprogramme für Unternehmen berücksichtigt, bei denen einige Anbieter besondere Konditionen gewähren oder individuelle Schulungsprogramme anpassen.

5 Ableitung zielgerichteter Maßnahmen zur Kompetenzentwicklung für ML-Initiativen

Das grundlegende Konzept zur Ableitung konkreter Maßnahmen zur Kompetenzentwicklung von Mitarbeitern in ML-Projekten ist in Abb. 2 dargestellt. Die Basis bildet die jeweilige Zielrolle, die ein Mitarbeiter zukünftig in einem ML-Projektteam eines Unternehmen einnehmen soll.

Wie in Abschn. 2 dargelegt wurde, ist jede Rolle mit einem spezifischen Niveau in den einzelnen ausgeprägten Kompetenzen verbunden. Um die jeweilige Rolle demnach hinreichend ausfüllen zu können, muss das spezifische Kompetenzniveau durch den Mitarbeiter mindestens erreicht werden. Es handelt sich dabei also um das Zielkompetenzprofil der Zielrolle. Nachdem die jeweiligen Mitarbeiter den Rollen des ML-Teams zugeordnet worden sind, muss für jeden Mitarbeiter eine Erfassung des Ist-Zustandes der vorhandenen Kompetenzen vorgenommen werden. Dies geschieht mithilfe des in Abschn. 3 vorgestellten Fragebogens. Mit diesem wird eine numerische Bewertung der Mitarbeiter in den ausgeprägten Kompetenzen

[1] „Konzept zum Aufbau von Kompetenzen des Maschinellen Lernens für Anlagenhersteller und produzierende KMU" gefördert im Rahmen des Doktorandennetzwerks „Digitale Souveränität in der Wirtschaft, Themenbereich Maschinenbau der Zukunft – ein Projekt des Instituts für Innovation und Technik (iit)".

anhand der vorgestellten Bewertungsstufen vorgenommen, was durch den Mitarbeiter zusammen mit seinen disziplinarischen und fachlichen Vorgesetzten erfolgen kann. Aufgrund der geeigneten Form des Fragenbogens, bei dem die einzelnen ausgeprägten Kompetenzen tabellarisch mit numerischen Werten erfasst werden, bietet sich die Möglichkeit, den Fragebogen zu einer Qualifizierungsmatrix zu erweitern. Die Qualifizierungsmatrix stellt ein geeignetes Instrument zur Identifikation von Entwicklungszielen dar (bfw – Unternehmen für Bildung 2014). Ein Überblick über die Qualifizierungsmatrix ist beispielhaft für die Rolle eines Citizen Data Scientist als Orchestrierer mit dem Profil eines exemplarischen Mitarbeiters in Abb. 2 dargestellt. Die Qualifizierungsmatrix bietet die Möglichkeit, das erforderliche Kompetenzprofil einer Zielrolle dem erfassten Kompetenzprofil eines Mitarbeiters gegenüberzustellen. Dies erlaubt einen systematischen Soll- und Ist-Vergleich des Kompetenzprofils zwischen den Rollen und den zugewiesenen Mitarbeitern. Aus der numerischen Differenz des Soll- und Ist-Profils können dann die qualitativen und quantitativen Qualifizierungs- und Entwicklungsbedarfe identifiziert werden. Zugleich bietet das die Möglichkeit, Potenziale von Mitarbeitern zu entdecken, sollte das Zielprofil signifikant übertroffen werden. Die einzelnen Kompetenzen, in denen allerdings ein Defizit besteht, müssen vom vorhandenen Niveau auf das Mindestniveau der entsprechenden Rolle weiterentwickelt werden. Dies kann zielgenau mithilfe der Weiterbildungen des Schulungskatalogs erreicht werden. Die Güte der Weiterbildungen für den jeweiligen Anwendungsfall kann daran bemessen werden, welche Weiterbildung die vorhandene Differenz des numerischen Soll-Ist-Vergleichs am meisten behebt. Um Ressourcen zu sparen, könnte darauf geachtet werden, dass möglichst wenig Kompetenzen, die bereits dem Zielniveau genügen, zusätzlich parallel weitergebildet werden. Außerdem können alle Weiterbildungen herausgefiltert werden, bei dem das Einstiegsniveau nicht erfüllt wird. Auch bestünde die Möglichkeit, einzelne Kompetenzen isoliert zu schulen. In jedem Fall werden die Weiterbildungsangebote so vorgefiltert, dass sie den Mitarbeiter zu der entsprechenden Rolle hinreichend qualifizieren.

Damit die geeignetsten Weiterbildungsangebote identifiziert werden können, sind zusätzlich noch die weiteren Kriterien nach Abschn. 4 zu berücksichtigen. Dabei werden Filter integriert, welche die Auswahl nach dem Kursformat mit der entsprechenden Anwesenheitsform eingrenzen. Dabei ist es zum Beispiel wichtig, ob Unternehmensfortbildungen für eine Gruppe oder individuelle Weiterbildungen gewünscht sind. Weitere wichtige Kriterien sind der Zeitraum und die Dauer, der Aufwand, die Kosten und die Kurssprache. Auch die Zugangsvoraussetzungen müssen erfüllt sein und möglicherweise ist eine bestimmte Abschlusszertifizierung erforderlich. Ein weiteres Auswahlkriterium stellt der Kursanbieter selbst dar, sofern ein bestimmter Anbieter favorisiert wird. Die Priorisierung der Auswahl erfolgt also, indem zunächst die Effektivität der Weiterbildungsmaßnahmen und anschließend die Effizienz anhand der individuellen Rahmenbedingungen bewertet wird. Um eine schnelle und einfache Anwendung der Plattform zu ermöglichen, kann der Anwender einen Defaultzustand wählen, bei dem keine Selbsteinschätzung notwendig ist und alle Ist-Kompetenzen mit der Stufe (0) bewertet werden. Dadurch erhält der Mitarbeiter einen schnellen Überblick über alle verfügbaren Weiterbildungsmaßnahmen, welche die jeweiligen Kompetenzen auf das erforderliche Mindestmaß der Rolle qualifizieren.

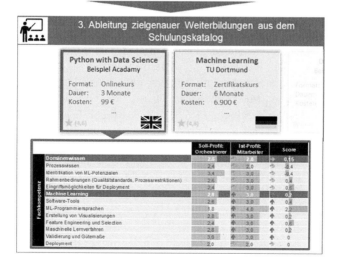

Abb. 2. Konzept zur Ableitung von Maßnahmen zur ML-Kompetenzentwicklung

6   Zusammenfassung und Ausblick

Im Rahmen des Forschungsvorhabens ML2KMU wurde ein Konzept entwickelt, mit dem Unternehmen zielgerichtet Maßnahmen zum Aufbau von Kompetenzen ableiten können, die für ML-Initiativen notwendig sind. Dies erfolgt infolge der zunehmenden Komplexität in der Regel durch interdisziplinäre Teams, die verschiedene Fachbereiche abdecken. Für die generelle Zusammensetzung solcher ML-Teams wurden die einzelnen Rollen definiert und die erforderlichen Kompetenzen ausgeprägt. Dabei wurde zu jeder Rolle ein spezifisches Kompetenzprofil erstellt, das als Zielprofil einen Überblick über das notwendige Mindestniveau in den einzelnen Kompetenzen bietet. Anschließend wurden die verschiedenen Methoden zur Erfassung vorhandener Kompetenzen von Mitarbeitern vorgestellt. Dabei wurde die schriftliche Befragung als optimale Methode für das vorliegende Konzept ausgewählt. Diese wird in Form einer numerischen Bewertung für einen Mitarbeiter in den ausgeprägten einzelnen Kompetenzen durchgeführt. Die Bewertung lässt sich in eine Qualifizierungsmatrix überführen, mit der anschließend ein Soll-Ist-Kompetenzvergleich für die einzelnen Rollen vorgenommen werden kann. Aus der numerischen Differenz zwischen dem Soll- und Ist-Kompetenzniveau lassen sich dann die Kompetenzlücken bei einer Zielrolle identifizieren. Daneben wird ein Schulungskatalog aufgebaut, der die verschiedenen Möglichkeiten an Weiterbildungsangeboten entsprechend ihrer Charakteristiken enthält. Elementar ist hierbei, dass die verschiedenen Weiterbildungsangebote bezüglich des Einstiegs- und des Qualifizierungsniveaus anhand des Bewertungsschemas für die einzelnen Kompetenzen bewertet werden. Dadurch wird es dann möglich, die Kompetenzlücke eines Mitarbeiters bei seiner Zielrolle durch geeignete Weiterbildungen zu adressieren. Gleichzeitig können auch anhand der Kurscharakteristiken Rahmenbedingungen, wie Dauer, Preis, Anwesenheitsform, Qualifizierung oder Kurssprache, berücksichtigt werden. Auch spezielle Angebote für Unternehmen können dabei Beachtung finden.

Als nächstes wird das vorgestellte Konzept in ein Web-basiertes Tool überführt und KMU-gerecht aufbereitet. Dies eröffnet die Möglichkeit, die Kompetenzentwicklungsmaßnahmen aktuell zu halten sowie KMU den Zugang in Form einer Navigationshilfe zu vereinfachen. Dabei wird die Qualifizierungsmatrix als Online-Assessment integriert. Die Website wird diskriminierungsfrei zur Verfügung gestellt und dient ebenfalls der Information über Projektinhalte und aktuelle Forschungsergebnisse.

Daneben wird eine ML-Grundlagenschulung in Form eines Strategieworkshops konzipiert. Hierzu wird ein Demonstrator als IoT-Testumgebung aufgebaut. Der Demonstrator besteht aus einer cyber-physischen Mikrobrauerei mit industrieller Steuerungstechnik, in der eine datengetriebene Optimierung von Rezepturen mithilfe von ML umgesetzt wird. Zudem soll ein allgemeines Verständnis für komplexe Muster und Zusammenhänge von Ursache und Wirkung im Brauwesen gewonnen werden. Am greifbaren Beispiel von Brauereiprozessen bietet der Demonstrator eine ideale Möglichkeit, um praktische Erfahrungen im Bereich ML zu vermitteln. Damit soll die Relevanz der ausgeprägten ML-Kompetenzen und Rollen demonstriert werden. Daneben soll dies eine Möglichkeit sein, Strategien für zukünftige ML-Ansätze in den eigenen Produkten und Prozessen abzuleiten. Diese Praxiseindrücke sollen als Impulsgeber für zukünftige Geschäftsmodelle und einen vertieften Einsatz von ML-Methoden dienen.

Literatur

acatech: Kompetenzentwicklungsstudie Industrie 4.0. Erste Ergebnisse und Schluss-folgerungen. (Hrsg.) v. acatech – DEUTSCHE AKADEMIE DER TECHNIKWISSEN-SCHAFTEN, Fraunhofer-Institut für Materialfluss und Logistik IML und equeo GmbH. München (2016)

Bauer, N., Stankiewicz, L., Jastrow, M., Horn, D., Teubner, J., Kersting, K. et al.: Industrial data science. Developing a qualification concept for machine learning in industrial production. In: European Conference on Data Analysis (ECDA). Paderborn, 04.–06.07.2018 (2018)

Bertelsmann Stiftung: Zukunft der Arbeit in deutschen KMU (2018)

bfw – Unternehmen für Bildung: Leitfaden für die Erstellung von passgenauen Quali-fizierungen. Erstellt im Rahmen des vom BMBF geförderten Projekts Prokom-4.0. Berufs-fortbildungswerk Gemeinnützige Bildungseinrichtung des DGB GmbH (bfw). Erkrath (2014)

Bloom, B.S., Engelhart, M.D. (Hrsg.): Taxonomie von Lernzielen im kognitiven Bereich. 35Beltz-Studienbuch, 5. Aufl., Bd. 35. (17. – 21. Tsd.). Beltz, Weinheim (1976)

Boockmann, B., Maier, A., Schafstädt, C.: Vereinbarungen der Sozialpartner zur Weiterbildung – ein Blick in ausgewählte Branchen. In: Bertelsmann Stiftung (Hrsg.) Gütersloh (2021)

Bundesagentur für Arbeit: KURSNET – Beruflich weiterbilden. https://kursnet-finden.arbeits-agentur.de/kurs/portal/bildungssuchende/beruflichWeiterbilden.do (2021a). Zugegriffen: 26. Juli 2021

Bundesagentur für Arbeit: Verzeichnis der fachkundigen Stellen zur Anerkennung von Bildungsträgern und -maßnahmen nach SGB III. https://kursnet-finden.arbeitsagentur.de/kurs/start?target=fks (2021b). Zugegriffen: 26. Juli 2021

Castellano, S.: MOOCs in the workplace. https://www.td.org/magazines/td-magazine/moocs-in-the-workplace (2014). Zugegriffen: 25. Juli 2021

Czernich, N., Fackler, T., Falck, O., Schüller, S., Wichert, S., Keveloh, K., Vijayakumar, R.M.: Digitale Kompetenzen – Ist die deutsche Industrie bereit für die Zukunft? Ifo Institut. (2019)

Dettmers, S., Jochmann, W., Zimmermann, T., Knappstein, M., Fastenroth, L.M., Heming, J.: Future skills – future learning. Eine Kooperationsstudie von Kienbaum mit StepStone. (Hrsg.) v. StepStone GmbH und Kienbaum Institut @ ISM für Leadership & Transformation GmbH. https://www.kienbaum.com/de/publikationen/future-skills-future-learning/ (2021). Zugegriffen: 2. Aug. 2021

Deuse, J., Erohin, O., Lieber, D.: Wissensentdeckung in vernetzten, industriellen Daten-beständen. In: Lödding, H. (Hrsg.) Industrie 4.0. Wie intelligente Vernetzung und kognitive Systeme unsere Arbeit verändern. 27. HAB-Forschungsseminar. Hamburg, 12.–13.09.2014 S. 373–395. Gito (Schriftenreihe der Hochschulgruppe für Arbeits- und Betriebsorganisation e. V. (HAB)), Berlin (2014)

Deuse, J., Wöstmann, R., Schulte, L., Panusch, T., Kimberger, J.: Transdisciplinary competence development for role models in data-driven value creation. The citizen data scientist in the centre of industrial data science teams. In: Sinh, W., Schlund, S. (Hrsg.) Kompetenz-entwicklung und Lernassistenzsysteme für die datengetriebene Zukunft, 03.–04.09.2021. Wissenschaftliche Gesellschaft für Arbeits- und Betriebsorganisation (WGAB) e. v. GITO Verlag, in Veröffentlichung, Berlin (2021)

Deutscher Bildungsserver: Anerkennung von Bildungsträgern nach SGB III. https://www.bildungsserver.de/Anerkennung-von-Bildungstraegern-nach-SGB-III-5096-de.html (2021). Zugegriffen: 26. Juli 2021

Dodson, M.N., Kitburi, K., Berge, Z.L.: Possibilities for MOOCs in corporate training and development. Perf. Improv. 54(10), 14–21 (2015). doi:https://doi.org/10.1002/pfi.21532

Doerr, A., Kruppe, T.: Bildungsgutscheine und Zertifizierung aus Sicht der Arbeitsverwaltung. Nürnberg: Institut für Arbeitsmarkt- und Berufsforschung (IAB). IAB-Forschungsbericht, 6/2012. https://www.econstor.eu/handle/10419/84919 (2012)

Döring, N., Bortz, J.: Forschungsmethoden und Evaluation in den Sozial- und Humanwissenschaften. Unter Mitarbeit von Sandra Pöschl-Günther (5. vollständig überarbeitete, aktualisierte und erweiterte Aufl.). Springer (Springer-Lehrbuch), Berlin. https://link.springer.com/content/pdf/10.1007%2F978-3-642-41089-5.pdf (2016). Zugegriffen: 23. Juli 2021

Edukatico: MOOCs auf Deutsch: Welche Kurse gibt es? https://www.edukatico.org/de/report/moocs-auf-deutsch-welche-kurse-gibt-es (2021). Zugegriffen: 24. Juli 2021

Eickelmann, M., Wiegand, M., Konrad, B., Deuse, J.: Die Bedeutung von Data Mining im Kontext Industrie 4.0. Z. wirtschaftlichen Fabrikbetrieb (ZWF) 110(11), 738–743 (2015)

Fayyad, U., Piatetsky-Shapiro, G., Smyth, P.: From data mining to knowledge discovery in databases. AIMag 17(3), 37 (1996). doi:https://doi.org/10.1609/aimag.v17i3.1230

Gillmann, B.: Digitale Arbeitswelt: Handelsblatt Research Institut: „Bei der Weiterbildung versagt der Markt". In: Handelsblatt, 16.04.2021. https://www.handelsblatt.com/politik/deutschland/handelsblatt-research-institut-hri-studie-staat-muss-den-voellig-unuebersichtlichen-markt-fuer-weiterbildungklarer-strukturieren/27094450.html?nlayer=Themen_11804704 (2021). Zugegriffen: 3. Aug. 2021

Kaplan, A.M., Haenlein, M.: Higher education and the digital revolution: about MOOCs, SPOCs, social media, and the cookie monster. Bus. Horiz. 59(4), 441–450 (2016). doi:https://doi.org/10.1016/j.bushor.2016.03.008

Leopold, T.A., Zahidi, S., Ratcheva, V.S.: The future of jobs report 2018. In: World Economic Forum (Hrsg.). Cologny/Genf, Schweiz (2018)

Lewin, T.: Universities Abroad Join MOOC Course Projects. In: The New York Times, 2013. https://www.nytimes.com/2013/02/21/education/universities-abroad-join-mooc-course-projects.html (2013). Zugegriffen: 25. Juli 2021

McAuley, A., Stewart, B., Siemens, G., Cormier, D.: Massive Open Online Courses. Digital ways of knowing and learning. The MOOC model for digital practice. In: University of Prince Edward Island (Hrsg.). Charlottetown, Kanada (2010)

Morik, K., Deuse, J., Stolpe, M., Bohnen, F., Reichelt, U.: Einsatz von Data-Mining-Verfahren im Walzwerk. stahl und eisen 130(10), 80–82 (2010)

Nielson, B.: The year of the corporate MOOC? (Hrsg.) v. LinkedIn. https://www.linkedin.com/pulse/20140320165303-16131081-2014-the-year-of-the-corporate-mooc (2014). Zugegriffen: 25. Juli 2021

Nöhring, F.: Ansatz zur zielgerichteten Gestaltung cyber-physischer Produktionssysteme für kleine und mittlere Unternehmen. Shaker (2021)

Nordrhein-Westfalen: § 62 HG – Wissenschaftliche und künstlerische Weiterbildung. In: Gesetz über die Hochschulen Landes Nordrhein-Westfalen (Hochschulgesetz – HG). http://www.lexsoft.de/cgi-bin/lexsoft/justizportal_nrw.cgi?xid=2566366,63 (2021). Zugegriffen: 26. Juli 2021

North, K., Brandner, A., Steininger, T.: Die Wissenstreppe: Information – Wissen – Kompetenz. In: North, K., Brandner, A., Steininger, T. (Hrsg.) Wissensmanagement für Qualitätsmanager S. 5–8. Springer Fachmedien Wiesbaden (essentials), Wiesbaden (2016)

Obmann, C.: Förderung Fortbildung: Die wichtigsten Weiterbildungs-Zuschüsse. In: Handelsblatt, 10.07.2021. https://www.handelsblatt.com/karriere/digitale-transformation-diese-gefoerderten-weiterbildungsprogramme-ebnen-den-weg-in-die-digitale-welt/27403808.html?ticket=ST-12609193-TaE2Qf1DFcxH5EntgbTO-ap4 (2021). Zugegriffen: 3. Aug. 2021

Pappano, L.: Massive open online courses are multiplying at a rapid pace. In: The New York Times, 2012. https://www.nytimes.com/2012/11/04/education/edlife/massive-open-online-courses-are-multiplying-at-a-rapid-pace.html (2012). Zugegriffen: 23. Juli 2021

Plattform Lernende Systeme: KI im Mittelstand. Potenziale erkennen, Voraussetzungen schaffen, Transformation meistern. (Hrsg.) v. Lernende Systeme – Die Plattform für Künstliche Intelligenz. https://www.plattform-lernende-systeme.de/files/Downloads/Publikationen/PLS_Booklet_KMU.pdf (2021). Zugegriffen: 13. Aug. 2021

RapidMiner: Building the perfect AI team. https://rapidminer.com/resource/building-ai-team/ (2020)

Reckelkamm, T., Deuse, J.: Kompetenzentwicklung für Maschinelles Lernen zur Konstituierung der digitalen Souveränität. In: Hartmann, E.A. (Hrsg.) Digitalisierung souverän gestalten. Innovative Impulse im Maschinenbau S. 31–43. Springer Vieweg, Berlin (2021)

Saltz, J.S., Grady, N.W.: The ambiguity of data science team roles and the need for a data science workforce framework. In: 2017 IEEE International Conference on Big Data (Big Data) S. 2355–2361. IEEE, Boston 11.12.2017–14.12.2017 (2017)

Schulte, L., Schmitt, J., Stankiewicz, L., Deuse, J.: Industrial data science. Interdisciplinary competence for machine learning in industrial production. In: Schüppstuhl, T., Tracht, K., Henrich, D. (Hrsg.) Annals of scientific society for assembly, handling and industrial robotics S. 161–171. Bayreuth, 11–12.03.2020. Springer Vieweg, Berlin (2020)

Siemens, G.: Massive open online courses: innovation in education? In: McGreal, R., Kinuthia, W., Marshall, S. (Hrsg.) Commonwealth of learning, Athabasca University, S. 5–16. https://oerknowledgecloud.org/sites/oerknowledgecloud.org/files/pub_PS_OER-IRP_web.pdf#page=31 (2013)

Stark, R., Deuse, J., Damerau, T., Reckelkamm, T., Lindow, K.: Data preparation for data analytics (DPDA). Arbeitsgruppe des prostep ivip e. V. News. Wiss. Ges. Produktentwicklung 2, 4–6. http://www.wigep.de/fileadmin/download/wigep/WiGeP-News_2_2019_01.pdf (2019)

Zahidi, S., Ratcheva, V.S., Hingel, H., Brown, S.: The future of jobs report 2020. In: World Economic Forum (Hrsg.). Cologny/Genf, Schweiz (2020)

Zschech, P., Fleißner, V., Baumgärtel, N., Hilbert, A.: Data science skills and enabling enterprise systems. HMD 55(1), 163–181 (2018). doi:https://doi.org/10.1365/s40702-017-0376-4

Regulierung und Zertifizierung von KI in der Industrie: Ziele, Kriterien und Herausforderungen

Axel Mangelsdorf[(✉)], Nicole Wittenbrink, und Peter Gabriel

Institut für Innovation und Technik (iit), Berlin, Deutschland

`mangelsdorf@iit-berlin.de, wittenbrink@iit-berlin.de`
`gabriel@iit-berlin.de`

Zusammenfassung. Mit dem Vorschlag der Europäischen Kommission zur Regulierung von Künstlicher Intelligenz (dem Artificial Intelligence Act) ist die Zertifizierung von KI-Systemen in den Fokus gerückt. Gleichzeitig werden mit der Veröffentlichung der ersten Prüfkriterien die Anforderungen der Zertifizierung für Unternehmen konkreter. Der vorliegende Beitrag stellt den Regulierungsvorschlag der Kommission vor und fasst die dazugehörige Fachdebatte zusammen. Danach werden die Anforderungen eines Prüfkatalog zur Zertifizierung von KI-Systemen anhand eines ersten Vorschlags aus dem Projekt „Zertifizierte KI" präsentiert und bewertet.

Schlüsselwörter: Künstliche Intelligenz · Zertifizierung · Europäische Union · Qualitätsinfrastruktur

1 Einleitung

Das Potenzial der Künstlichen Intelligenz (KI) in Industriebetrieben ist groß. KI-Systeme ermöglichen, dass sich Produktionsanlagen selbstständig im laufenden Betrieb optimieren, Maschinen bereits während der Fertigung Qualitätskontrollen vornehmen können oder im Rahmen der „Predictive Maintenance" den optimalen Zeitpunkt für eine Wartung voraussagen. Werden KI-Systeme mit den Erfahrungswerten langjähriger Mitarbeiter trainiert, kann es sogar gelingen, implizites Wissen aus historischen Erfahrungswerten für zukünftige Generation nutzbar zu machen (Seifert et al. 2018, Frost & Sullivan 2018). Derzeit werden in Industriebetrieben traditionelle Automatisierungstechniken, das industrielle Internet der Dinge und neue innovative KI-Technologien mit dem Ziel eingesetzt, die Automatisierung weiter zu steigern, Prozesse zu optimieren und Kosten zu sparen. Derzeit sind Industrieunternehmen oftmals bemüht, KI-gestützte Softwaresysteme an die Stelle von traditionellen Automatisierungstechniken zu setzen, die noch immer eine Vielzahl von menschlichen Interaktionen erfordern. Diese KI-gestützten Systeme bieten zwar den Vorteil, dass sie sehr viel weniger menschliche Interaktion erfordern, aus Erfahrungen lernen und Entscheidungen selbstständig treffen können. Zugleich bringen sie aber auch einige Risiken mit sich (Müller-Quade et al. 2019). In der verarbeitenden Industrie können Produktionssteuerungssysteme sabotiert werden, in der Automobilindustrie entstehen

E. A. Hartmann (Hrsg.): *Digitalisierung souverän gestalten II*, S. 110–119, 2022.
https://doi.org/10.1007/978-3-662-64408-9_9

Haftungsfragen bei Unfällen und in der Pharmaindustrie können Daten oder Formeln gestohlen werden (Frost & Sullivan 2018).

Industriebetriebe benötigen deshalb für den Einsatz von KI-gestützten Software-systemen ein hohes Maß an Vertrauen. Bei der Implementierung von KI-Systemen müssen Datenschutz und Sicherheitsverstöße, Haftung und Verantwortung und ethische Bedenken adressiert werden. Ebenso erwarten Verbraucherinnen und Verbraucher, aber auch Arbeitnehmerinnen und Arbeitnehmer, dass KI-Systeme die Sicherheit persönlicher Daten sicherstellen und Benachteiligungen aufgrund von Alter, Geschlecht, Wohnort oder anderen Merkmalen verhindern (WEF 2021). Gelingt es, die Künstliche Intelligenz zu einer sicheren und verantwortungsbewussten Technologie weiterzuentwickeln, steigt auch die Wahrscheinlichkeit, dass Industrieunternehmen KI-Systeme in ihre Prozesse einbinden und von den Vorteilen profitieren.

Eine unabhängige Prüfung durch Dritte im Rahmen einer Zertifizierung stellt eine Möglichkeit dar, Sicherheit und Vertrauen in eben jene Systeme herzustellen (Matus und Veale 2021). Auch die Europäische Union hat in ihrem jüngst vorgelegten Gesetzesvorschlag zur Regulierung von KI-Systemen, dem „Artifical Intelligence Act", die Konformitätsbewertung für Hochrisikosysteme vorgeschlagen. Zwar gibt es in Deutschland noch kein anerkanntes Verfahren für KI-Systeme. Derzeit werden die Bemühungen verschiedener Organisationen Zertifizierungsverfahren zu entwickeln aber immer konkreter. Dazu gehören unter anderem der Prüfkatalog des vom Fraunhofer-Institut für Intelligente Analyse- und Informationssysteme IAIS getragenen Projekts „Zertifizierte KI" (Poretschkin et al. 2021) und der Kriterienkatalog des Standards AIC4 des Bundesamts für Sicherheit in der Informationstechnik (BSI), der sich auf Cloud-basierte KI-Systeme fokussiert (Bundesamt für Sicherheit in der Informationstechnik 2021). Solche Zertifizierungen können wesentlich zur digitalen Souveränität des KI-Einsatzes in Unternehmen beitragen. Tun die aktuellen Vorschläge das aber auch wirklich?

Um darauf eine Antwort zu geben, wird im vorliegenden Beitrag zunächst der aktuelle Gesetzesvorschlag der Europäischen Union vorgestellt sowie die dazugehörige Debatte der Fachwelt zusammengefasst. Das geschieht exemplarisch anhand der Beiträge in der öffentlichen Konsultation zum Gesetzesvorschlag. Anschließend wird betrachtet, wie ein konkreter Prüfkatalog für eine KI-Zertifizierung aussehen könnte. Dafür dient beispielhaft der Prüfkatalog des Projekts „Zertifizierte KI".

2   Der Artifical Intelligence Act der Europäischen Kommission

Ähnlich wie bei der Diskussion um den Datenschutz nimmt Europa auch bei der Debatte um die Zertifizierung von KI-Systemen im weltweiten Vergleich eine führende Rolle ein. Dänemark und Malta hatten im Jahr 2019 in ihren nationalen KI-Strategien Informationspflichten für KI-Systeme oder auch eine freiwillige Zertifizierung vorgesehen. In Deutschland wurde bereits ein Jahr zuvor, im Jahr 2018, eine Datenethikkommission eingesetzt, die in ihrem Gutachten unter anderem auch ein Zulassungsverfahren für KI-Software empfohlen hat. Um die Einheitlichkeit des Binnenmarkts zu wahren, bemüht sich die Europäische Kommission um eine EU-weite Lösung. Das spiegelt sich im Weißbuch „Künstliche Intelligenz – ein europäisches Konzept für Exzellenz und Vertrauen" aus dem Jahr 2020, insbesondere aber im Gesetzesvorschlag der Kommission vom 21. April 2021 für einen „Artificial Intelligence Act (AIA)" wider (Mangelsdorf et al. 2021).

Die EU-Kommission hat damit den weltweit ersten Vorschlag zu einem Rechtsrahmen für „vertrauenswürdige Künstliche Intelligenz" vorgelegt. Der AIA sieht eine Einteilung von KI-Anwendungen in vier Risikoklassen vor: inakzeptables Risiko, hohes Risiko, begrenztes Risiko und minimales Risiko. Für Anwendungen mit inakzeptablen Risiko (zum Beispiel KI-getriebene Social-Scoring-Systeme) ist ein Verbot vorgesehen. Anwendungen der Klasse „hohes Risiko" sollen vor der Markteinführung einer Reihe rechtlicher Verpflichtungen unterliegen – einschließlich einer Konformitätsbewertung. Unter anderem soll dadurch sichergestellt werden, dass der Betrieb der Anwendungen für die Nutzer hinreichend transparent ist. Jede Hochrisiko-KI-Anwendung ist mit einer Gebrauchsanleitung zu versehen, die ihre Merkmale, Fähigkeiten und Leistungsgrenzen einschließt. Darunter fallen neben der Beschreibung der Zweckbestimmung auch Angaben zur Genauigkeit, Robustheit und Cybersicherheit des Systems, den (Fehl-)Anwendungsrisiken sowie Spezifikationen in Hinblick auf die verwendeten Trainings-, Validierungs- und Testdatensätze. Im Rahmen der Konformitätsbewertung soll überprüft werden, ob die Mindestanforderungen an Hochrisiko-KI-Systeme in Hinblick auf Transparenz, Risikomanagement, Datensicherheit und Daten-Governance, technische Dokumentation, Aufzeichnungspflicht, menschliche Aufsicht sowie Genauigkeit, Robustheit und Cybersicherheit erfüllt werden. Die im AIA vorgeschlagenen Mindestanforderungen sind aus den im Jahr 2018 publizierten Ethik-Leitlinien der hochrangigen Expertengruppe für Künstliche Intelligenz (High-Level Expert Group, HLEG) abgeleitet (Hochrangige Expertengruppe für künstliche Intelligenz 2019).

Bereits vor der offiziellen Veröffentlichung des AIA hat sich abgezeichnet, dass das Interesse an dem Vorschlag groß und breit ist. Das Durchsickern mehrerer Entwurfsversionen in der Woche vor der Freigabe hat eine rege Diskussion in den sozialen und digitalen Medien entfacht. An der Diskussion beteiligen sich viele Akteursgruppen, die aktiv versuchen, auf die Gestaltung des Rechtsrahmens Einfluss zu nehmen, darunter Wirtschafts-, Unternehmens- und Verbraucherverbände, Gewerkschaften, Behörden, Forschungsinstitutionen, Nichtregierungsorganisationen (NRO) und EU-Bürgerinnen und -Bürger. Über 300 Akteure aus aller Welt sind unter anderem dem Aufruf der Kommission gefolgt, sich bis zum 6. August 2021 in einer öffentlichen Konsultation zu dem Vorschlag zu äußern und haben entsprechende Stellungnahmen eingereicht. Etwa die Hälfte der Stellungnahmen ging dabei in den letzten 24 h der ausgeschriebenen Feedback-Periode ein. Dies unterstreicht die Relevanz und Aktualität des Themas. Insbesondere von Seiten der Wirtschaft ist eine hohe Aktivität zu verzeichnen. Über die Hälfte der Stellungnahmen entfällt auf Wirtschafts- und Unternehmensverbände sowie auf Unternehmen mit starkem Industriebezug. Die Beiträge im Konsultationsprozess sind damit ein gutes Abbild der öffentlichen Debatte zum AIA.

Die Bemühung der EU-Kommission, einen einheitlichen Rechtsrahmen zu schaffen, wird von einer großen Mehrheit aller Akteursgruppen begrüßt. Dass ein

Rechtsrahmen erforderlich und sinnvoll ist, scheint grundsätzlich nicht zur Diskussion zu stehen. Ob seine jetzt vorliegende Ausgestaltung allen Wünschen gerecht wird, ist hingegen umstritten. Aus Sicht der NRO weist das Netz, dass der Rechtsrahmen für Anwendungen mit hohem Risiko aufspannt, noch zu viele Schlupflöcher auf. Von Seiten der Wirtschaft und Industrie wird im Gegensatz dazu die Befürchtung geäußert wird, dass das Netz zu engmaschig angelegt ist. Obwohl dies zunächst fundamental gegensätzlich erscheint, gibt es in Hinblick auf die zentralen Kritikpunkte und die geforderten Nachbesserungen tatsächlich einige Gemeinsamkeiten. Von beiden Seiten wird vor allem stark kritisiert, dass die Bewertung der Risikoklasse laut AIA ausschließlich im Voraus erfolgen soll. Dass sich eine Anwendung gravierend auf Individuen oder die Gesellschaft auswirkt, stellt sich aus Sicht der NRO unter Umständen erst zu einem späteren Zeitpunkt heraus. Aus der Perspektive der Wirtschaft ist jedoch andererseits auch denkbar, dass die Auswirkungen einer Anwendung weniger kritisch sind, als im Voraus angenommen. Beide Seiten sehen hier dringenden Bedarf für eine Überarbeitung des AIA.

Von Seiten der Wirtschaft, die als Anwender von KI-Systemen stark vom AIA betroffen wären, wurden auch weitere Kritikpunkte benannt:

Definition von KI
Die Definition von KI im AIA sei nicht hinreichend, da sie insgesamt zu weit gefasst sei. Sie beziehe auch rein statistische Methoden, Bayesische Schätzungen sowie Logik-und Wissensbasierte Ansätze mit ein. Eine klare Abgrenzung zu konventionellen Datenanalyseanwendungen sei daher nicht gegeben. Rein statistische und hochentwickelte KI-Anwendungen sollten nicht den gleichen Anforderungen unterliegen. Daher wäre eine Einengung der Definition zwingend erforderlich, um Rechtsunsicherheiten und unangemessene sowie nicht-gerechtfertigte zusätzliche Kosten zu vermeiden.

Mehrfachregulierung/-zertifizierung
Industrielle KI-Anwendungen unterlägen in der Regel bereits der Produktsicherheitsgesetzgebung und harmonisierten Sicherheitsvorschriften. Das zukünftige Zusammenspiel des AIA mit den bestehenden Vorschriften sollte klar definiert werden, um Mehrfach-Regulierung sowie -Zertifizierung zu vermeiden.

Komplexität der Anforderungen und Operationalisierung
Die Anforderungen an Hochrisiko-KI-Anwendungen seien in der vorliegenden Version sehr komplex, unter anderem der Aufbau eines Qualitätsmanagementsystems, fortlaufende technische Dokumentation, Konformitätsbewertung und Überwachung nach dem Inverkehrbringen. Sie reichten teilweise zu weit oder wären noch nicht ausreichend spezifiziert; insbesondere aber bleibe unklar, wie die Bewertungskriterien und Anforderungen operationalisiert werden sollen. Dadurch entstehe eine erhebliche Unsicherheit auf Seiten der Unternehmen.

Wirtschaftliche Belastung
Die Erfüllung der komplexen Anforderungen an Hochrisiko-Systeme sei mit hohen Kosten verbunden, unter anderem für das Einstellen von Experten/Auditoren zur

Eigen- oder Fremdbewertung, die insbesondere für Start-ups sowie kleine und mittelständische Unternehmen (KMU) nicht tragbar seien. Die bisher vorgesehenen Maßnahmen wie „regulatorische Sandboxes" wären noch nicht ausreichend, um dem entgegenzuwirken. Eine Ausweitung sei erforderlich, um Nachteile für Start-ups und KMU zu vermeiden.

3   Der KI-Prüfkatalog des Projekts „Zertifzierte KI"

Die Prüfung von KI-Systemen zum Minimieren von Risiken verlangt nach konkreten Vorschriften für Qualität und Sicherheit. Bisherige Bemühungen zum Beispiel der Datenethikkommission der Bundesregierung, der EU-Kommission durch die hochrangige Expertengruppe für Künstliche Intelligenz oder von multinationalen Unternehmen (zum Beispiel Amazon, Apple, Baidu, Facebook, Google, IBM und Intel im Rahmen der „Partnership on AI") haben bisher eher zu allgemeinen Absichtserklärungen und weniger zu konkreten Handlungsanweisungen für Industrieunternehmen und Prüfer geführt (Mangelsdorf et al. 2021).

Normen und Standards für IT-Sicherheit sind dagegen weit konkreter und geben sowohl der zu zertifizierenden Organisation als auch den Auditoren der unabhängigen Prüfgesellschaft Kataloge mit zu erfüllenden Kriterien an die Hand. Die ISO-Norm 27001 zu Informationssicherheits-Managementsystemen gehört beispielsweise zu den verbreitetsten Normen überhaupt und wird laut der Erhebung des Deutschen Normungspanels von 38 % aller Unternehmen mit mehr als 250 Mitarbeitern umgesetzt (Blind und Heß 2020). Konkrete Normen und Standards, die Qualitäts- oder Sicherheitsvorschriften für KI-Anwendungen definieren, fehlen noch weitgehend. Wenig überraschend stellt deshalb die Normungsroadmap KI einen Bedarf nach zertifizierbaren Normen für KI-Systeme fest (DIN/DKE 2020). Die Normungsroadmap KI fordert deshalb ein Programm, um standardisierte Prüfverfahren zu entwickeln, mit deren Hilfe Aussagen über die Qualität und Sicherheit von KI-Anwendungen getroffen werden können.

Die Forderungen der Normungsroadmap KI werden mit Stand August 2021 in verschiedenen Projekten auf der Ebene der deutschen Bundesländer umgesetzt. Das Hessische Ministerium für Digitale Strategie und Entwicklung fördert im Projekt „AI Quality & Testing Hub" die Entwicklung eines sektorübergreifenden Ansatzes für Prüfungen von KI-Systemen. Das Projekt hat mit der Deutschen Kommission Elektrotechnik, Elektronik, Informationstechnik (DKE) enge Verknüpfungen zur nationalen, europäischen und internationalen Normung und mit dem VDE Prüf- und Zertifizierungsinstitut in Offenbach eine Institution für die Prüfung und Zertifizierung zukunftsträchtiger Produkte (VDE 2021).

Am weitesten fortgeschritten ist jedoch das Gemeinschaftsprojekt „Zertifizierte KI" des Fraunhofer IAIS, der Universität Bonn und des Bundesamts für Sicherheit in der Informationstechnik (BSI). Das Projekt wird von Land Nordrhein-Westfalen gefördert und zielt darauf ab, Prüfkriterien für KI-Systeme zu entwickeln und zu standardisieren. Anhand dieser Arbeiten soll exemplarisch beschrieben werden, wie eine Zertifizierung in der Praxis aussehen kann und welche Herausforderungen sie mit sich bringt.

Innerhalb des Projekts wurde ein Prüfkatalog entwickelt, der die Dimensionen Fairness, Autonomie und Kontrolle sowie Transparenz, Verlässlichkeit, Sicherheit und Datenschutz abdeckt. Der Prüfkatalog enthält messbare Zielvorgaben sowie Maßnahmen, um die Ziele zu erreichen (Poretschkin et al. 2021). Er beschreibt die Dokumentationspflichten, die laut des Gesetzesentwurfs der EU für KI-Systeme mit hohem Risiko gelten. Die Dokumentation liefert Behörden die erforderliche Information über das KI-System, um dessen Konformität zu beurteilen. Der Prüfkatalog zeigt, wie Unternehmen eine solche technische Dokumentation anzufertigen haben. Im Folgenden werden die einzelnen Dimensionen, deren Messung sowie gegenseitige Abhängigkeiten zwischen den Dimensionen vorgestellt.

Der EU-Gesetzesentwurf fordert für KI-Systeme mit hohem Risiko strenge Vorgaben, die für den Marktzugang erfüllt sein müssen. Zu den Vorgaben gehören eine Reihe von technischen Dokumentationspflichten, die in Anhang IV des Gesetzentwurfes beschrieben sind. Der Prüfkatalog liefert für eine Vielzahl der geforderten Dokumentationspflichten einen Leitfaden für die technischen Dokumentationen. Konkret deckt der KI-Prüfkatalog die Punkte 1 (Beschreibung des KI-Systems), 2 (Beschreibung der Bestandteile des KI-Systems und seines Entwicklungsprozesses), 3 (Informationen über die Überwachung, Funktionsweise und Kontrolle des KI-Systems), 5 (Beschreibung aller an dem System während seines Lebenszyklus vorgenommenen Änderungen) und zum Teil 8 (Beschreibung des Systems zur Bewertung der Leistung des KI-Systems in der Phase nach dem Inverkehrbringen) der geforderten Inhalte ab. Im Folgenden werden die Prüfkatalog-Dimensionen Fairness, Autonomie und Kontrolle, Transparenz, Verlässlichkeit, Sicherheit und Datenschutz konkret beschrieben (Poretschkin et al. 2021).

Fairness soll verhindern, dass die KI-Anwendungen zu diskriminierenden Ergebnissen führt, die beispielsweise durch fehlerhafte Trainingsdaten entstehen. Um diese Dimension zu beurteilen, müssen die Unternehmen die KI-Anwendung genau dokumentieren. Dazu gehören Fragebögen zur Selbsteinschätzung oder Dokumentationen zur Entstehung und Verwendung von Trainingsdaten, die vom Prüfer eingesehen werden können. Zur notwendigen Dokumentation gehört zudem eine Beschreibung, welche Arten von Diskriminierung im Kontext der KI-Anwendung akzeptabel und welche ungerechtfertigt sind. Ebenso dokumentiert werden soll, wie beim jeweiligen KI-System Fairness gemessen wird, wie die Trainingsdaten auf Fairness überprüft worden sind und welche Maßnahmen zur Herstellung von Fairness in den Trainingsdaten vorgenommen worden sind. Ebenso müssen die Unternehmen dokumentieren, wie sich die KI-Anwendung beim Lernprozess auf die Fairness auswirkt und wie das Erreichen der Fairness im laufenden Betrieb überwacht wird. Der Prüfer stellt schließlich fest, ob die quantitativen Fairness-Kriterien erfüllt werden und ob das Unternehmen einen Prozess eingeführt hat, um fortlaufend die Fairness der KI-Anwendung zu überwachen. Arbeiten Industriebetriebe mit KI-Anwendungen, die keinen Einfluss auf Personen haben oder die ohne personenbezogene Daten arbeiten, ist die Dimension Fairness vernachlässigbar.

Die Dimension **Autonomie und Kontrolle** stellt sicher, dass die KI-Anwendung menschliche Eingriffs- und Aufsichtsmöglichkeiten hat und dass Nutzer über die Risiken der Anwendung aufgeklärt sind. Das Abschalten durch den Nutzer soll unabhängig von den Entscheidungen der KI-Anwendung selbst erfolgen, insbesondere wenn die Sicherheit von Personen gefährdet ist. Der Prüfkatalog sieht auch für diese Dimension verschiedene Dokumentationspflichten vor. Es muss dokumentiert werden, welche Personengruppen bei der Entwicklung der KI-Anwendung beteiligt waren und welche Argumente für und gegen alternative Gestaltungsmöglichkeiten hinsichtlich der Autonomie vorlagen. Für den laufenden Betrieb muss unter anderem dokumentiert werden, welche Eingriffsmöglichkeiten Nutzer haben und welche Qualifikationen zur Aufsicht der KI erforderlich sind und wann ein Eingreifen in den laufenden Betrieb notwendig ist. Ein Nutzerhandbuch mit regelmäßige Aktualisierungen soll ebenfalls vorhanden sein.

Bei der Dimension **Transparenz** wird verlangt, dass die KI-Entscheidung von Menschen nachvollzogen werden können. Bei vielen KI-Anwendungen, die auf Black-Box-Modelle zurückgreifen, müssen nachgeschaltete Verfahren das Zustande-kommen erklären. Der Prüfkatalog fordert deshalb für diese Dimension verschiedene Dokumentationen und Erklärungen von den KI-Herstellerunternehmen. Beispiels-weise muss erklärt werden, warum sich die Entwickler für ein Modell entschieden haben. Bei Black-Box-Modellen muss zudem erklärt werden, welche Maßnahmen ergriffen werden, um das Zustandekommen der Ergebnisse zu erklären. Lernt das Modell im laufenden Betrieb anhand erhobener Daten weiter, sollen auch diese Daten zur späteren Einsicht gespeichert werden.

Die Dimension **Verlässlichkeit** soll unter anderem sicherstellen, dass die Ausgaben der KI-Anwendung korrekt sind, und dass die Ausgaben gegenüber manipulierten Eingaben robust sind. Wollen Unternehmen KI-Anwendungen bereit-stellen, müssen sie dokumentieren und begründen, welche Performanz-Metrik ein-gesetzt wird, die dafür sorgt, dass die Anwendung verlässliche Ergebnisse liefert. Es soll tabellarisch dargestellt werden, wie Fehler gefunden und abgefangen werden. Zudem muss ein Prozess zur regelmäßigen Überprüfung der Verlässlichkeit installiert sein. Sollte es gegenseitige Abhängigkeiten zwischen der Dimension Verlässlichkeit und anderen Dimensionen geben, müssen diese erläutert werden.

Die Dimension **Sicherheit** bezieht sich auf den Schutz vor äußeren Gefährdungen bis hin zum funktionalen Versagen der KI-Anwendung. Dabei werden potenzielle Personen- und Sach- sowie finanzielle Schäden betrachtet. Im Gegensatz zu den anderen beschriebenen Dimensionen gibt es für die Dimension Sicherheit bereits bestehende Normen, die nun mit KI-spezifischen Anforderungen ergänzt werden. Zum Beispiel kann der Prüfkatalog auf die Elemente der Norm DIN EN ISO 10218 „Industrieroboter – Sicherheitsanforderungen" zurückgreifen. Insgesamt sollen dokumentierte Tests zeigen, dass die KI-Anwendung ein vertretbares Unfallrisiko gewährleistet.

Die letzte Dimension des Prüfkatalogs bezieht sich auf den **Datenschutz**. Dabei geht es vor allem um den Schutz von sensiblen personenbezogene Daten bei der Ent-wicklung und Betrieb der KI-Anwendung sowie um Geschäftsgeheimnisse der Unter-nehmen. Letzteres bezieht sich auf die Möglichkeit durch gezielte Abfragen die Struktur und den Algorithmus des KI-Modells zu extrahieren und nachzubauen. Der Prüfkatalog schlägt zudem eine Reihe von Maßnahmen vor. Zum Schutz personen-bezogener Daten sollen Unternehmen für die jeweilige KI-Anwendung dokumentieren, welche Daten das System verwendet und wie diese Daten mit anderen Daten-quellen verknüpft werden können. Die Unternehmen müssen Beispieldaten für die

Dokumentation zur Verfügung stellen. Zudem muss angegeben werden, mit welchen Verfahren Daten anonymisiert wurden und welche Maßnahmen eingesetzt werden, um das ungewollte Abfließen von Informationen zur KI-Anwendung zu verhindern.

Für jede der beschriebenen Dimensionen müssen die Unternehmen abschließend argumentieren, dass die ergriffenen Maßnahmen ausreichend sind, um definierte Kriterien zu erfüllen. Dabei müssen jeweils die Restrisiken abgewogen und Zielkonflikte mit anderen Dimensionen benannt werden. Zum Umgang mit Zielkonflikten empfiehlt der Prüfkatalog, dass Unternehmen den Abwägungsprozess zum Umgang mit Zielkonflikten dokumentieren und ein unternehmensinternes Gremium installieren (ein sogenanntes „AI Ethics Review Board"), um die ethische Praxis zu diskutieren und das System kontinuierlich zu bewerten.

Mit dem Prüfkatalog des Projekts „Zertifizierte KI" liegen nun zwar konkrete Prüfkriterien vor allem in Form von Dokumentationspflichten vor, offen bleiben jedoch Fragen zu Kosten und Dauer der Prüfung. Ebenfalls noch wenig Beachtung finden Fragen für die Prüfung und Zertifizierung der notwendigen Qualitätsinfrastruktur, also des Systems für Normung, Prüfdienstleistungen, Akkreditierung und Zertifizierung. Unter anderem ist bei bestehendem Fachkräftemangel im Feld der Künstlichen Intelligenz unklar, wie es Prüfunternehmen gelingen wird, ausreichend Auditoren mit KI-Kompetenz zur Konformitätsbewertung zu gewinnen, ohne dabei gleichzeitig den Fachkräftemangel bei den Unternehmen zu vergrößern. Im Bereich der staatlichen Förderung von Standards und Zertifizierungssystemen ist zudem kein auf einen Standard und ein Zertifikat erkennbares Vorgehen zu erkennen. Es ist zu erwarten, dass die parallellaufenden Projekte in Hessen („AI Quality & Testing Hub") und Nordrhein-Westfalen („Zertifizierte KI") auch zu unterschiedlichen Prüfkriterien und Standards führen. Die fördernden Institutionen stehen vor der Herausforderung, sinnvolle Prinzipien zum Umgang mit Künstlicher Intelligenz zu harmonisieren. Weltweit haben zwischen den Jahren 2015 und 2020 verschiedene Organisationen insgesamt 117 Ethikregeln entworfen und die Anzahl wächst weiterhin (ScienceBusiness 2021). Schon jetzt ähnelt die Zertifizierungslandschaft im Bereich der Künstlichen Intelligenz der Zertifizierungslandschaft im Nachhaltigkeitssektor, wo kostspielige multiple Zertifizierungen üblich sind (Matus und Veale 2021). Während im Nachhaltigkeitssektor Unternehmen mit wenig anspruchsvollen Zertifizierungen versuchen umweltfreundlicher zu erscheinen als es tatsächlich der Fall ist („greenwashing"), ist zu befürchten, dass Unternehmen mit KI-Anwendungen durch wenig anspruchsvolle Zertifizierungen („ethics-washing") versuchen ihr Interesse an gerechten KI-Anwendungen zu übertreiben.

4 Zusammenfassung und Fazit

Systeme mit Künstlicher Intelligenz liefern auch für Industriebetriebe viele Vorteile. Zusammen mit dem industriellen Internet der Dinge können KI-Systeme die Automatisierung weiter steigern, Prozesse optimieren und Kosten sparen. Den Vorteilen stehen jedoch auch Risiken gegenüber. Produktionsanlagen mit KI-Steuerung können von außen sabotiert, Daten gestohlen oder bestimmte Verbraucherinnen- oder Verbrauchergruppen diskriminiert werden. Den Industriebetrieben können nicht nur finanzielle Schäden entstehen. Auch die Reputation des Unternehmens insgesamt kann gefährdet werden. Industriebetriebe haben deshalb ein Interesse an qualitativ hochwertigen und sicheren KI-Systemen.

Mit dem Vorschlag des „Artificial Intelligence Act (AIA)" will die Europäische Kommission Qualität und Sicherheit der KI-Systeme verbessern. Für bestimmte Risikoklassen sieht der Vorschlag auch die Konformitätsbewertung für KI-Systeme vor. Die öffentlichen Stellungnahmen der Wirtschafts- und Industrieverbände zeigen, dass zwar einerseits ein Rechtsrahmen aus Industriesicht erforderlich und sinnvoll ist. Andererseits machen die Stellungnahmen eine Reihe von Kritikpunkten deutlich. Bei der beabsichtigten Pflicht zur Konformitätsbewertung befürchten die Industrieverbände etwa, dass das Zusammenspiel aus bestehenden Regeln (zum Beispiel dem Produktsicherheitsgesetz) und dem neuen AIA zu Mehrfach-Regulierung oder –Zertifizierung führt. Ebenso erwarten Unternehmen hohe Kosten für die Einstellung von Experten, die notwendig sind, um die Kriterien der Regulierung einzuhalten und Kosten für Auditoren, um die Zertifizierung zu erhalten. Diese Kosten sind insbesondere für Startups und KMU laut den Stellungnahmen der Industrieverbände kaum tragbar.

Ein weiterer Kritikpunkt zum AIA aus Sicht der Industrie sind die bisher wenig ausformulierten Kriterien für KI-Systeme, die sich einer Konformitätsbewertung unterziehen müssen.

Mit dem Prüfkatalog des vom Land Nordrhein-Westfalen gefördert Projekts „Zertifizierte KI" liegt nun erstmalig ein Leitfaden vor, der Unternehmen bei der Konformitätsbewertung unterstützt. Der Katalog zeigt Prüfkriterien für die Dimensionen Fairness, Autonomie und Kontrolle, Transparenz, Verlässlichkeit, Sicherheit und Datenschutz. Er zeigt für jede der Dimensionen, welche umfangreichen Dokumentation, Erklärungen und Begründungen für die Konformität mit dem AIA notwendig sind.

Wie schon beim AIA stellt sich aber auch hier die Frage nach den Kosten und der Dauer der Prüfung. Zudem bleibt unklar, ob die Prüfunternehmen überhaupt in der Lage sein werden, Auditoren mit ausreichender KI-Kompetenz einzustellen, insbesondere weil sie dabei im Wettbewerb zu den zu zertifizierenden Unternehmen stehen. Ein weiteres Risiko stellt die drohende Zersplitterung der Landschaft für KI-bezogene Ethiknormen und Prüfstandards dar. Ohne eine Harmonisierung kann es im schlimmsten Fall sogar zu einem Ausweichen auf weniger anspruchsvolle KI-Zertifizierungen („ethics washing") kommen. Der digitalen Souveränität des KI-Einsatzes in Unternehmen wäre damit wenig gedient.

Literatur

Blind, K. Heß, P.: Deutsches Normungspanel. Indikatorenbericht. Berlin, Deutsches Institut für Normung e.V. (2020)

Bundesamt für Sicherheit in der Informationstechnik (Hrsg.): AI Cloud Service Compliance Criteria Catalogue (AIC4). Bonn. https://www.bsi.bund.de/SharedDocs/Downloads/EN/BSI/CloudComputing/AIC4/AI-Cloud-Service-Compliance-Criteria-Catalogue_AIC4.html (2021). Zugegriffen: 18. Aug. 2021

DIN/DKE: Normungsroadmap Künstliche Intelligenz. Berlin, Wolfgang Wahlster Christoph Winterhalter. (2020)

Frost & Sullivan: Artificial Intelligence in the factory floor „Künstliche Intelligenz in der Fertigung". Frost & Sullivan. (2018)

Hochrangige Expertengruppe für künstliche Intelligenz: Ethik-Leitlinien für eine vertrauenswürdige KI. (Hrsg.) v. Europäische Kommission. Brüssel. https://digital-strategy.ec.europa.eu/en/library/ethics-guidelines-trustworthy-ai (2019). Zugegriffen: 18. Aug. 2021

Mangelsdorf, A., Gabriel, P., Weimer, M.: Die Zertifizierung von KI: Mehr Sicherheit für alle – oder unnötiger Ballast? Institut für Innovation und Technik. iit perspektive, Bd. 58. Berlin. https://www.iit-berlin.de/publikation/die-zertifizierung-von-ki-mehr-sicherheit-fuer-alle-oder-unnoetiger-ballast/ (2021). Zugegriffen: 16. Aug. 2021

Matus, K.J.M., Veale, M.: Certification Systems for Machine Learning: Lessons from Sustainability. *Regulation & Governance* (2021)

Müller-Quade, J., Meister, G., Holz, T., Houdeau, D.: Künstliche Intelligenz und IT-Sicherheit – Bestandsaufnahme und Lösungsansätze. Whitepaper aus der Plattform Lernende Systeme, München (2019)

Poretschkin, M., Schmitz, A., Akila, M.: Leitfaden zur Gestaltung vertrauenswürdiger Künstlicher Intelligenz. www.iais.fraunhofer.de/ki-pruefkatalog (2021)

ScienceBusiness: Time to harmonise artificial intelligence principles, experts say. https://sciencebusiness.net/news/time-harmonise-artificial-intelligence-principles-experts-say (2021)

Seifert, I., Bürger, M., Wangler, L., Christmann-Budian, S., Rohde, M., Gabriel, P., Zinke, G.: Potenziale der Künstlichen Intelligenz im produzierenden Gewerbe in Deutschland. Studie im Auftrag des Bundesministeriums für Wirtschaft und Energie (BMWi) im Rahmen der Begleitforschung zum Technologieprogramm PAiCE – Platforms | Additive Manufacturing | Imaging | Communication | Engineering. Institut für Innovation und Technik. Berlin. https://www.iit-berlin.de/publikation/potenziale-der-kuenstlichen-intelligenz-im-produzierenden-gewerbe-in-deutschland/ (2018). Zugegriffen: 18. Aug. 2021.

VDE: Hessische Ministerin für Digitale Strategie und Entwicklung und VDE planen Aufbau eines "AI Quality & Testing Hubs." https://www.vde.com/de/presse/pressemitteilungen/ai-quality-testing-hub (2021)

WEF: The global risks report 2021 16. Aufl. (2021)

WEF: The Global Risks Report 2021. Geneva, World Economic Forum. (2021)

Szenario-Technik mit digitalen Technologien

Patrick Ködding[1]([⊠]) und Roman Dumitrescu[1,2]

[1] Heinz Nixdorf Institut, Universität Paderborn, 33102 Paderborn, Deutschland
`{Patrick.Koedding,Roman.Dumitrescu}@hni.upb.de`
[2] Fraunhofer Institut für Entwurfstechnik Mechatronik, 33102 Paderborn,
Deutschland

Zusammenfassung. Im Zuge der voranschreitenden Digitalisierung ist das Umfeld von Industrieunternehmen zunehmend durch Volatilität, Unsicherheit, Komplexität und Ambiguität geprägt. Immens ansteigende Datenmengen, die sinkende Halbwertszeit von Informationen und immer kürzere Entwicklungszeiten setzen Unternehmen unter enormen Zeitdruck. Folglich konzentrieren sich Unternehmen verstärkt auf das Tagesgeschäft oder greifen auf Ergebnisse für die strategische Planung zurück, die mit höherem Fokus auf Geschwindigkeit als auf Gründlichkeit erarbeitet wurden. Um langfristig wettbewerbsfähig zu bleiben, müssen sich Unternehmen jedoch systematisch mit zukünftigen Entwicklungen auseinandersetzen. Die Szenario-Technik ist dafür das geeignete Werkzeug. Mithilfe von digitalen Technologien, wie z. B. Anwendungen der Künstlichen Intelligenz (KI), lassen sich die Anwendungsfreundlichkeit erhöhen und der Datenerhebungsaufwand reduzieren.

Dies ist Gegenstand des vorliegenden Beitrags. Zunächst wird die Problematik detaillierter beschrieben. Es folgt die Einordnung der Szenario-Technik in die Szenario-basierte Vorausschau sowie die Herleitung und Vorstellung ihrer konstituierenden und optionalen Phasen und Schritte. Im Anschluss werden Herausforderungen beim Einsatz der Szenario-Technik beleuchtet. Darauf aufbauend werden Potenziale für einen Erfolg versprechenden Einsatz von digitalen Technologien in der Szenario-Technik aufgezeigt. Abschließend werden anhand der Herausforderungen und Potenziale drei Handlungsfelder für eine Szenario-Technik mit digitalen Technologien abgeleitet: die Integration von digitalen Technologien, die methodische Anpassung und Weiterentwicklung der Szenario-Technik sowie die digitale Souveränität.

Schlüsselwörter: Vorausschau · Szenario-Technik · Digitale Technologien · Künstliche Intelligenz · Digitale Souveränität

1 Einführung

Die US-amerikanische Managementberatung Bain & Company hat im Zeitraum von 1993 bis 2017 16-mal weltweit zahlreiche Manager – im Jahr 2017 waren es 1268 – zu den wichtigsten „Management Tools & Trends" befragt, u. a. auch zur Nutzung von Werkzeugen zur Szenario-basierten Vorausschau. Es zeigt sich, dass Unternehmen solche Werkzeuge verstärkt in Zeiten großer Unsicherheit einsetzen, wie z. B.

E. A. Hartmann (Hrsg.): *Digitalisierung souverän gestalten II*, S. 120–135, 2022.
https://doi.org/10.1007/978-3-662-64408-9_10

nach dem Platzen der Dotcom-Blase und den Terroranschlägen vom 11. September 2001 oder der Finanzkrise ab 2007. Dies hat zwei Gründe: Einerseits soll mithilfe der Werkzeuge Orientierungswissen in unsicheren, volatilen Umfeldern generiert werden. Andererseits wird durch ihren Einsatz auch die Möglichkeit zur Steigerung des Unternehmenswachstums gesehen. Während in Krisenzeiten die Nutzung von Werkzeugen zur Szenario-basierten Vorausschau (vgl. Abschn. 2) bei teils über 60 % der befragten Unternehmen gelegen hat, ist die Zahl der Nutzung bis 2017 auf etwas mehr als 20 % zurückgegangen (vgl. Abb. 1). Gleichzeitig ist jedoch die Zufriedenheit mit diesen Werkzeugen und ihren erzielten Ergebnissen konstant auf einem hohen Niveau geblieben (Rigby und Bilodeau 2018; Bain & Company, Inc. 2018).

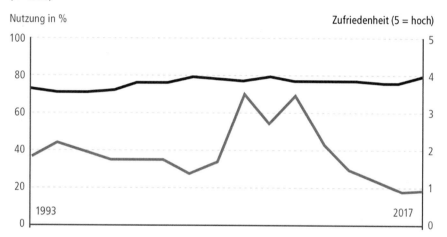

Abb.1. Nutzung und Zufriedenheit beim Einsatz der Szenario-Technik nach. (Eigene Darstellung nach Rigby und Bilodeau 2018; Bain & Company, Inc. 2018)

Einen wesentlichen Grund für den Rückgang der Nutzungszahlen leitet das McKinsey Global Institute aus einer 15-jährigen Längsschnittstudie mit 615 mittleren und großen US-amerikanischen Unternehmen ab. Im Zuge der Digitalisierung und einem damit verbundenen immer dynamischeren und vernetzten Unternehmensumfeld sehen sich Unternehmen zu verstärkt kurzfristigen Entscheidungen an Stelle von strategischer Planung gezwungen. Die traditionell hohe Komplexität von Methoden der Szenario-basierten Vorausschau erschwert deren Anwendung zusätzlich (Barton et al. 2018).

Unternehmen, die systematisch strategische Vorausschau betreiben, sind langfristig betrachtet jedoch signifikant erfolgreicher und weniger volatil als kurzfristig orientierte Unternehmen. Dies belegen sowohl Zahlen der Studie des McKinsey Global Institute als auch die Ergebnisse des Corporate Foresight Benchmarking Reports, einer Längsschnittstudie mit 83 europäischen Unternehmen. So generieren strategisch planende Unternehmen im Schnitt deutlich höhere Umsätze, erzielen deutlich höhere Gewinne und sind deutlich rentabler als ihre Konkurrenten. Darüber hinaus verfügen sie über ein deutlich höheres Wachstum der Marktkapitalisierung als ihre Wettbewerber (Rohrbeck und Kum 2018; Rohrbeck et al. 2018; Barton et al. 2018).

Die Bedeutung der strategischen Vorausschau für Unternehmen lässt sich anhand des sogenannten Vier-Ebenen-Modells der zukunftsorientierten Unternehmensgestaltung verdeutlichen. Auf der ersten Ebene, der Vorausschau, beschäftigen sich Unternehmen systematisch mit denkbaren Entwicklungen von Märkten, Branchen, Technologien etc., um zukünftige Erfolgspotenziale, aber auch Gefahren für das etablierte Geschäft von heute frühzeitig abzuleiten (Gausemeier und Plass 2014). Aufgrund ihrer Beliebtheit in der Praxis und methodischer Vorteile eignen sich hierfür insbesondere Szenario-basierte Methoden der Vorausschau, wie z. B. die Szenario-Technik(vgl. u. a. Abschn. 2), (Schühly et al. 2020; Ogilvy 2015)

Aufbauend auf der Vorausschau werden Strategien (zweite Ebene) entwickelt, die beschreiben, wie Unternehmen in der zukünftigen Wettbewerbsarena eine vorteilhafte Positionierung erreichen wollen und welche Marktleistungen mit welchen zugehörigen Geschäftsmodellen angeboten werden sollen. Im Zuge der Digitalisierung sind dies verstärkt attraktive digitale Geschäftsmodelle. Auf der dritten Ebene gilt es, die Geschäftsprozesse zur Operationalisierung der Strategie festzulegen, bevor abschließend IT-Systeme (vierte Ebene) zur Unterstützung der wohlstrukturierten Geschäftsprozesse definiert werden (Gausemeier und Plass 2014; Dumitrescu und Gausemeier 2018; Echterhoff et al. 2016).

Folglich stellt sich die Frage, wie Unternehmen dazu befähigt werden können, in einem immer komplexer werdenden Unternehmensumfeld weiterhin bzw. wieder verstärkt Methoden der Szenario-basierten Vorausschau für die zukunftsorientierte Unternehmensgestaltung einzusetzen. Digitale Technologien, zu denen auch Anwendungen auf Basis Künstlicher Intelligenz (KI) zählen, stellen eine Erfolg versprechende Möglichkeit dar, diese Herausforderungen zu adressieren (Schühly et al. 2020). In diesem Beitrag werden erste Handlungsfelder für eine digital souveräne Szenario-basierte Vorausschau mit digitalen Technologien hergeleitet und beschrieben.

2　Szenario-basierte Vorausschau

Vorausschau ist ein partizipativer, antizipativer und visionsbildender Prozess mit dem Ziel, einen Blick in die Zukunft zu werfen, um heutige Entscheidungsprozesse zu unterstützen (Becker 2002). Ein Szenario beschreibt in diesem Zusammenhang eine allgemeinverständliche und nachvollziehbare Beschreibung einer möglichen Situation in der Zukunft sowie die Darstellung einer Entwicklung, die aus der Gegenwart zu dieser Situation führen könnte (Gausemeier et al. 2019).

Das Vorausdenken der Zukunft mithilfe von Szenarien basiert dabei auf mehreren Grundprinzipien: 1) Die Zukunft wird in komplexen Bildern beschrieben. Es reicht nicht mehr aus, den Untersuchungsgegenstand (z. B. Werkzeugmaschinenbau) durch einige voneinander unabhängige Einflussfaktoren zu beschreiben. In der Regel geht es um komplexe Systeme, die ein vernetztes Denken erfordern. 2) Es gibt mehrere

Möglichkeiten, wie sich die Zukunft entwickeln könnte. Damit wird der Erkenntnis Rechnung getragen, dass die Zukunft nicht exakt prognostizierbar ist. Dies wird als multiple Zukunft bezeichnet (Gausemeier et al. 2019). 3) Die Veränderungstreiber der Zukunft können nicht nur identifiziert und studiert werden. Die Zukunft selbst kann beeinflusst werden (Berger et al. 2008).

Bei der Szenario-basierten Vorausschau lassen sich zwei wesentliche Stoßrichtungen unterscheiden: die Szenario-Technik und das Scenario Planning. Bei der Szenario-Technik werden induktiv Szenarien erarbeitet. D. h., dass systematisch konsistente Kombinationen von alternativen Entwicklungsmöglichkeiten von Schlüsselfaktoren gebildet werden. Im Gegensatz dazu erfolgt die Szenario-Erstellung bei dem im angloamerikanischen Raum populären Scenario Planning deduktiv. D. h., es wird mithilfe eines vorab definierten Rahmens eine festgelegte Anzahl an Szenarien erarbeitet (Götze 1993; Fink und Siebe 2006; Schühly et al. 2020).

Anders als die induktive Szenario-Technik eignet sich das deduktive Scenario Planning nur bei thematisch eng abgegrenzten Fragestellungen. Dies liegt in erster Linie daran, dass der Rahmen für die Szenarien eher unsystematisch und unter Berücksichtigung weniger Faktoren festgelegt wird. Auf diese Weise kann es passieren, dass Szenarien, die nicht bereits absehbar oder subjektiv erwartbar sind, von Beginn an implizit ausgeschlossen werden (Schnaars 1987). Folglich wird im weiteren Verlauf dieses Beitrags ausschließlich die Szenario-Technik fokussiert.

In der Literatur haben bereits einige Autorinnen und Autoren verschiedene Ansätze der Szenario-Technik miteinander verglichen und zusammenfassende Darstellungen erarbeitet (Huss und Honton 1987; Geschka und Hammer 1990; Götze 1993; Stelzer et al. 2015). Jedoch wird hierbei nicht immer klar zwischen Ansätzen für das Scenario Planning und der Szenario-Technik differenziert. Daher werden in diesem Beitrag im Rahmen einer Metaanalyse ausschließlich Ansätze der Szenario-Technik gegenübergestellt, um konstituierende und optionale Phasen und Schritte zu identifizieren. Abb. 2 zeigt das Ergebnis dieser Metaanalyse. In den Spalten sind einerseits generalisierte bzw. zusammenfassende Vorgehensweisen aufgeführt (vgl. hierzu die Einträge [1] bis [4] in den Spalten). Andererseits werden auch eigenständige, praxisrelevante Vorgehensweisen untersucht (vgl. hierzu die Einträge [5] bis [17] in den Spalten). Mithilfe der Metaanalyse lassen sich acht konstituierende Schritte und ein optionaler Schritt für die Szenario-Technik identifizieren, die sich wiederum drei übergeordneten Phasen zuordnen lassen: Szenario-Vorbereitung, Szenario-Erstellung, Szenario-Transfer.

Szenario-Vorbereitung Vor Beginn eines Szenario-Projekts gilt es, den Untersuchungsgegenstand zu definieren und zu analysieren (Schritt 1). Dies umfasst neben der Festlegung der Projektzielsetzung und der -organisation die Definition und Analyse des Untersuchungsgegenstands bzw. Gestaltungsfelds selbst sowie die Definition des Szenariofelds, in welches der Untersuchungsgegenstand eingebettet ist (Huss und Honton 1987; Götze 1993; Gausemeier et al. 2019).

Phase	Schritt	Ansätze der Szenario-Technik																
		1	2	3	4	5	6	7	8	9	10	11	12	13	14	15	16	17
Szenario-Vorbereitung	1) Definition und Analyse des Untersuchungsgegenstands	x	x	x	x	x	x	x	x	x	x	x	x	x	x	x	x	x
Szenario-Erstellung	2) Identifikation von Schlüsselfaktoren	x	x	x	x	x	x	x	x	x	x	x	x	x	x	x	x	x
	3) Projektions-Entwicklung	x	x	x	x	x	x	x	x	x	x	x	x	x	x	x	x	x
	4) Ermittlung von Projektionsbündeln und Szenarien	x	x	x	x	x	x	x	x	x	x	x	x		x	x	x	x
	5) Sensitivitätsanalyse (optional)	x	x						x	x		x						
	6) Ausarbeitung der Szenarien	x	x	x	x	x	x		x	x	x	x		x	x	x	x	x
Szenario-Transfer	7) Auswirkungsanalyse	x	x	x	x	x	x		x	x	x	x			x	x	x	x
	8) Ableitung von strategischen Stoßrichtungen und Maßnahmen				x	x		x	x		x	x			x	x	x	x
	9) Szenario Controlling						x								x			

Legende für die Ansätze der Szenario-Technik

1   Huss und Honton 1987
2   Götze 1993
3   Kosow et al. 2008
4   Stelzer et al. 2015
5   Oberkampf 1976
6   Segner 1976
7   Linnemann und Kennell 1977
8   Gomez und Escher 1980
9   Battelle Institut Genf in (Gomez und Escher 1980)
10 Battelle Institut Frankfurt in (Geschka und Reibnitz 1987)
11 Battelle Columbus Division in (Huss und Honton 1987)
12 Center for Future Research in (Huss und Honton 1987)
13 Godet 1987
14 Reibnitz 1982
15 Heinecke und Schwager 1995
16 Geschka 2006
17 Gausemeier et al. 2019

Abb. 2. Metaanalyse zur Szenario-Technik

Szenario-Erstellung Die Szenario-Erstellung beginnt mit der Identifikation von Schlüsselfaktoren (Schritt 2). Dabei wird das vorab definierte Szenariofeld in Einflussbereiche strukturiert und mithilfe von Einflussfaktoren beschrieben. Die wichtigsten Einflussfaktoren, die Schlüsselfaktoren, werden anhand ihrer Vernetzung und Relevanz ausgewählt. Im Rahmen der Projektions-Entwicklung erfolgt der eigentliche Blick in die Zukunft (Schritt 3). Für jeden Schlüsselfaktor werden alternative Entwicklungsmöglichkeiten, sogenannte Zukunftsprojektionen, erarbeitet. Diese Zukunftsprojektionen werden zu konsistenten Projektionsbündeln und Szenarien verknüpft (Schritt 4). Dies kann entweder mithilfe einer intuitiven Bewertung, einer Cross Impact-Analyse oder einer paarweisen Konsistenzbewertung der Zukunftsprojektionen mit anschließender Clusteranalyse erfolgen. Anschließend lässt sich eine Sensitivitätsanalyse für die erarbeiteten Szenarien durchführen (Schritt 5). Es können sowohl Daten als auch bei der Szenario-Bildung getroffene Annahmen variiert und deren Auswirkungen analysiert werden. Dieser Schritt ist optional, weil er nur einen Bestandteil weniger Ansätze zur Szenario-Technik darstellt. Die Szenario-Erstellung schließt mit der zielgruppengerechten Ausarbeitung und Aufbereitung der Szenarien (Schritt 6) (Götze 1993; Huss und Honton 1987; Gausemeier et al. 2019).

Szenario-Transfer Das Vorgehen der Auswirkungsanalyse hängt von der primären Funktion der Szenarien, in der Regel Entscheidungsunterstützung oder Orientierungswissen in unsicheren Umfeldern, ab (Schritt 7). Grundsätzlich werden zunächst die Auswirkungsstärke und die Eintrittswahrscheinlichkeiten der Szenarien evaluiert, bevor die Chancen und Gefahren für das Gestaltungsfeld systematisch analysiert werden. In diesem Zuge kann auch die Sensitivität der Szenarien in Hinblick auf mögliche Strukturbrüche, die nicht in den Szenarien berücksichtigt werden, untersucht werden. Darauf aufbauend werden strategische Stoßrichtungen und Maßnahmen für das Unternehmen abgeleitet (Schritt 8). Abschließend steht das Szenario Controlling an (Schritt 9). Dieses wird zwar nur in wenigen Ansätzen explizit als Bestandteil der Szenario-Technik beschrieben. In vielen Ansätzen wird das Szenario Controlling aber zumindest angerissen und sollte daher ebenfalls zu den konstituierenden Schritten gezählt werden. Inhaltlich geht es einerseits um das Monitoring der erarbeiteten Szenarien. D. h., es wird überprüft, welche Szenarien im Zeitverlauf wahrscheinlicher werden und folglich an Bedeutung gewinnen. Andererseits gehört auch die Analyse der Validität und Aussagekraft der Szenarien zum Szenario Controlling. Hierbei wird entschieden, ob und in welchem Umfang die Szenarien aktualisiert und überarbeitet werden müssen (Fink und Siebe 2006; Schühly et al. 2020; Götze 1993).

In der Praxis ist der Einsatz der Szenario-Technik mit einigen Herausforderungen verbunden. Diese führen gemeinsam mit den immer komplexer werdenden Unternehmensumfeldern zu einem Rückgang der Nutzungszahlen (vgl. Abschn. 1). Für die Erarbeitung eines Lösungsansatzes für eine digital souveräne Szenario-Technik mit digitalen Technologien wird die Design Science Research Methodology genutzt (Blessing und Chakrabarti 2009). Diese Forschungsmethode gliedert sich in vier

Phasen: Klärung der Forschungsfragen, deskriptive Studie I, präskriptive Studie, deskriptive Studie II.

Dieser Beitrag beschäftigt sich ausschließlich mit der ersten Phase. Ziel sind konkrete Handlungsfelder zur Strukturierung des Forschungsfelds, welche den Ausgangspunkt für die Erarbeitung des Lösungsansatzes darstellen (Phase zwei bis vier). Zunächst gilt es dabei, Herausforderungen bei der Anwendung der Szenario-Technik (vgl. Abschn. 3) und Potenziale digitaler Technologien für die Szenario-Technik zu identifizieren (vgl. Abschn. 4). Die explorative Identifikation von Herausforderungen und Potenzialen wurde im Rahmen eines Expertenworkshops mit je drei Experten aus den Bereichen Szenario-Technik und digitale Technologien durchgeführt. Basierend auf diesen Erkenntnissen und einer Betrachtung der relevanten Literatur werden abschließend drei Handlungsfelder für die Erarbeitung des Lösungsansatzes formuliert (vgl. Abschn. 5).

3   Herausforderungen der Szenario-Technik

Bevor Herausforderungen bei der Anwendung der Szenario-Technik identifiziert werden können, gilt es, ein allgemeines Verständnis für die Szenario-Technik aufzubauen. Hierzu wird ein Prozessmodell der Szenario-Technik mithilfe der Modellierungssprache OMEGA modelliert und mithilfe der Designprinzipien nach vom Brocke angereichert und ausgestaltet (Fahrwinkel 1995; vom Brocke 2007). Den Ausgangspunkt für das Prozessmodell stellen die in Abschn. 2 vorgestellten Phasen und Schritte dar. Diese werden um diejenigen Tätigkeiten ergänzt, die häufig in den analysierten Ansätzen für die Szenario-Technik genannt werden. So werden z. B. im Rahmen des Schrittes „Identifikation von Schlüsselfaktoren" u. a. die Tätigkeiten „Einflussfaktoren bestimmen" sowie „Einfluss- und Relevanzanalyse durchführen" durchlaufen (vgl. Abb. 3).

Im Rahmen des Expertenworkshops konnten entlang des Prozessmodells für die Szenario-Technik mittels Brainwriting und Brainstorming insgesamt 34 Herausforderungen gesammelt werden, die sich den Phasen, Schritten oder Tätigkeiten zuordnen lassen. Die Herausforderungen können durch Entfernung von Dopplungen und der Zusammenfassung nach Ähnlichkeit zu 22 Herausforderungen zusammengefasst werden. Abb. 3 zeigt einen Ausschnitt des Prozessmodells der Szenario-Technik mit zwei exemplarischen Herausforderungen bei der Identifikation von Schlüsselfaktoren.

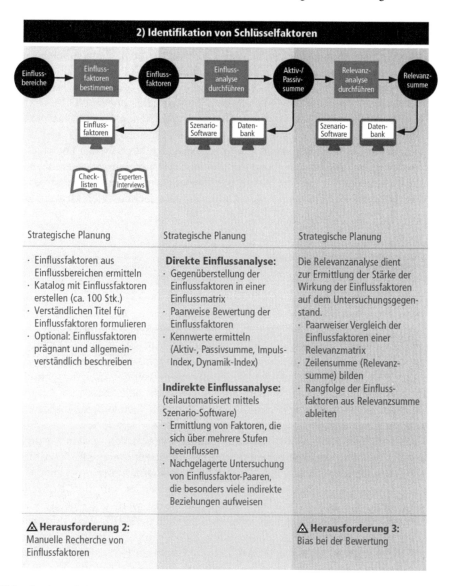

Abb. 3. Ausschnitt aus dem Prozessmodell der Szenario-Technik mit exemplarischen Herausforderungen

Zunächst einmal ist für die Bestimmung der Einflussfaktoren eine aufwendige manuelle Recherche notwendig (Herausforderung 2). Typischerweise lassen sich allgemeine, wiederkehrende Einflussfaktoren mithilfe von Checklisten identifizieren, während themenspezifische Einflussfaktoren durch Experteninterviews ermittelt werden (Gausemeier et al. 2019). Die sich anschließenden Tätigkeiten zur Einfluss- und Relevanzanalyse zur Ermittlung der Schlüsselfaktoren sehen sich mit der Herausforderung von Bias bei der Bewertung konfrontiert (Herausforderung 3).

Allgemein lässt sich konstatieren, dass die Vorteile der Szenario-Technik gegenüber anderen Werkzeugen der strategischen Planung und Vorausschau um den Preis eines hohen Informationsbedarfs und damit verbundenem Datenerhebungsaufwand erkauft werden (Backhaus et al. 2018). Dabei steigt die Anzahl relevanter Informationsquellen, z. B. durch Social Media, während die Halbwertszeit von Informationen im Zuge der Digitalisierung deutlich sinkt (Belger et al. 2019).

Während die Szenario-Technik die Vielfalt und Vernetzung von Einflussfaktoren gut abbilden kann, stößt sie bedingt durch die zunehmende Dynamik der Unternehmensumfelder an ihre Grenzen. Digitale Technologien besitzen das Potenzial, die Effizienz der Szenario-Erstellung und die Evidenz der Ergebnisse zu erhöhen und damit die Erstellung von und die Arbeit mit Szenarien entscheidend zu verbessern. In der Praxis existieren bereits erste Ansätze für digitale Technologien (acatech 2020; Schühly et al. 2020; Ködding und Dumitrescu 2020)

4 Potenziale digitaler Technologien

Ausgehend von den identifizierten Herausforderungen der Szenario-Technik gilt es, Ideen bzw. Potenziale für digitale Technologien zur Lösung der Herausforderungen zu sammeln. Digitale Technologien werden dabei als *Wissen, Kenntnisse und Fertigkeiten zur Erstellung, Verarbeitung, Übertragung und Nutzung digitaler Daten sowie Anlagen und Verfahren zur praktischen Umsetzung* aufgefasst (Lipsmeier et al. 2018; Loebbecke 2006). Im Fokus stehen für die Szenario-Technik Analytics-getriebene digitale Technologien, wie z. B. virtuelle Assistenten oder Machine Learning-Anwendungen, die sich im Vergleich zu weiteren digitalen Technologien insbesondere zur Steigerung der Effizienz einzelner Tätigkeiten sowie der Evidenz der Ergebnisse eignen (Berger et al. 2018). Für die Identifikation von Potenzialen für digitale Technologien wurden im Expertenworkshop Hilfsmittel zur Anregung der Kreativität der Teilnehmenden während des Brainwritings und Brainstormings genutzt. Das *Periodensystem der Künstlichen Intelligenz* wurde verwendet, um die Beschreibung von Tätigkeiten, die durch digitale Technologien gelöst werden sollen, sowie die Generierung erster Lösungsideen zu unterstützen (Bitkom 2018). Weiterhin wurden die *Teildisziplinen künstlicher Intelligenz* nach KPMG für die Ermittlung konkreter digitaler Technologien eingesetzt (Pütter 2018). Mit diesen Hilfsmitteln konnten im Expertenworkshop insgesamt 21 unterschiedliche Potenziale für digitale Technologien ermittelt werden. Abb. 4 zeigt einen Auszug der Liste der identifizierten Herausforderungen und Potenziale sowie deren Zuordnung zu den Phasen, Schritten und Tätigkeiten der Szenario-Technik.

Szenario-Technik			Herausforderung		Potential	
Phase	Schritt	Tätigkeit	Nr.	Beschreibung	Nr.	Beschreibung
Übergeordnet	–	–	H1	Zeitliche Dauer und Aufwand von klassischen Szenario-Projekten		Allgemein: Effizienzsteigerung durch digitale Technologien
Übergeordnet	–	–	–	–	P1	Virtueller Assistent zur Schritt-für-Schritt-Anleitung bei Szenario-Projekten
Szenario-Erstellung	2) Identifikation von Schlüsselfaktoren	Einflussfaktoren bestimmen	H2	Manuelle Recherche von Einflussfaktoren	P2	Natural Language Processing zur Identifikation, Analyse und Bewertung von Quellen (Output: Vorschläge für Einfluss-/Schlüsselfaktoren)
Szenario-Erstellung	2) Identifikation von Schlüsselfaktore	Einflussanalyse durchführen; Relevanzanalyse durchführen	H3	Bias bei der Bewertung	P3	Co-Wort-Analysen zur Ermittlung von Einflüssen; Bag-of-Word-Ansätze
Szenario-Erstellung	2) Identifikation von Schlüsselfaktoren	Einflussanalyse durchführen; Relevanzanalyse durchführen	H3	Bias bei der Bewertung	P4	Repräsentation der Einflussfaktoren als Ontologie, Bewertung der Vernetzungen durch Datenanalysen
...	...	...	...	...	...	...
Szenario-Transfer	10) Szenario Controlling	–	H22	Sprunghafte Entwicklungen, Strukturbrüche		

Abb. 4. Auszug aus der Liste an identifizierten Herausforderungen und Potenzialen

Anzumerken sei an dieser Stelle, dass nicht für alle identifizierten Herausforderungen Potenziale identifiziert werden konnten, und dass für manche Herausforderungen mehrere Lösungsansätze denkbar sind. So sind beispielsweise zur Lösung der dritten Herausforderung, Bias bei der Bewertung der Einflussfaktoren, sowohl ein Ansatz über Co-Wort-Analysen (Potenzial 3) als auch über eine Ontologie (Potenzial 4) oder eine Kombination beider Ansätze möglich. Abb. 5 verdeutlicht schematisch das Potenzial von digitalen Technologien für die Identifikation von Einfluss- und Schlüsselfaktoren innerhalb der Szenario-Technik (Herausforderung 2, Potenzial 2).

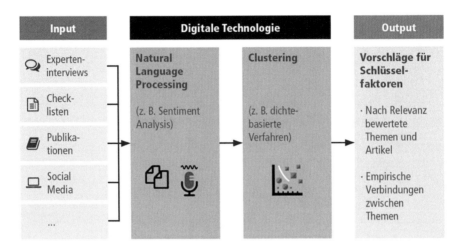

Abb. 5. Potenzial für digitale Technologien in der Szenario-Technik am Beispiel der Ermittlung von Einfluss- und Schlüsselfaktoren. (Eigene Darstellung nach Schühly et al. 2020; Sohrabi et al. 2019)

Als Inputgrößen können einerseits die für die Identifikation von Einflussfaktoren typischen Checklisten oder (transkribierte) Experteninterviews genutzt werden. Andererseits können aber auch iterativ erweiterte und verfeinerte Schlagwörter genutzt werden, um relevante Publikationen, Patente, Beiträge in Social Media etc. für den jeweiligen Anwendungskontext zu identifizieren. Im Anschluss können die Inputgrößen mithilfe von Verfahren aus dem Bereich Natural Language Processing, z. B. Sentiment Analysis, mit anschließendem Clustering, z. B. über dichtebasierte Verfahren, genutzt, analysiert und verdichtet werden. Als Ergebnis liegen nach Relevanz bewertete Themen und Artikel sowie empirisch ermittelte Vernetzungen zwischen diesen vor, aus denen sich vergleichsweise einfach Einflussfaktoren und potenzielle Schlüsselfaktoren ableiten bzw. sogar vorschlagen lassen.

In der Praxis existieren bereits erste Ansätze auf Basis von Analytics-getriebenen, digitalen Technologien, um die Anwendungsfreundlichkeit der Szenario-Technik, insbesondere aber den Datenerhebungsaufwand, zu reduzieren und die Evidenz der Ergebnisse zu steigern (z. B. Mohr 2016; Backhaus et al. 2018; Belger et al. 2019; Sohrabi et al. 2019; Schühly et al. 2020). Digitale Technologien versprechen dabei die Möglichkeit, Massendaten zu erfassen, zu analysieren und daraus Schlüsse zu ziehen (acatech 2020), (Belger et al. 2019). Insgesamt zeigt sich also, dass Analytics-getriebene, digitale Technologien die Herausforderungen bei der Erstellung von und Arbeit mit Zukunftsszenarien adressieren und zu einem geringeren Ressourceneinsatz führen können. Dies kann wiederum Unternehmen zu einer verstärkten Nutzung der Szenario-Technik für die strategische Vorausschau befähigen. Allerdings ergeben sich durch die Integration und Nutzung von digitalen Technologien wiederum neue Herausforderungen für die Anwender, die insbesondere die digitale Souveränität betreffen.

5   Handlungsfelder

Aufbauend auf den identifizierten Herausforderungen und Potenzialen für digitale Technologien lassen sich drei Handlungsfelder aufstellen, die Orientierung für die Erarbeitung des Lösungsansatzes geben und die in diesem Zuge iterativ adaptiert werden (Blessing und Chakrabarti 2009, Bortz und Döring 2006): „Integration von digitalen Technologien", „methodische Anpassung und Weiterentwicklung der Szenario-Technik", „digitale Souveränität". Nachfolgend werden die einzelnen Handlungsfelder erläutert:

Handlungsfeld 1: Integration von digitalen Technologien
Bevor digitale Technologien in die Szenario-Technik integriert werden können, müssen zunächst konkrete Use Cases für digitale Technologien identifiziert und spezifiziert werden; sowohl durch die Befragung von Anwenderunternehmen als auch die Auswertung wissenschaftlicher Publikationen. Erstens gilt es dabei, systematisch Herausforderungen bei der Anwendung der Szenario-Technik zu ermitteln. Zweitens werden Potenziale für Analytics-basierte, digitale Technologien identifiziert. Dies kann sowohl auf Grundlage der Herausforderungen aber auch losgelöst von den Herausforderungen anhand der Nutzenpotenziale digitaler Technologien erfolgen. Drittens werden die Herausforderungen und Potenziale zusammengeführt und in Form von Use Cases spezifiziert. Die Abschn. 3 und 4 liefern hierfür erste Inhalte.

Darauf aufbauend erfolgt die Identifikation von digitalen Technologien zur Realisierung der Use Cases. Im Rahmen einer strukturierten Literaturrecherche und einer Toolstudie lassen sich bestehende Ansätze und Werkzeuge systematisch ermitteln und in einer Toolbox für die Szenario-Technik strukturieren. Mithilfe dieser Übersicht wird die Bewertung und Auswahl passender digitaler Technologien erleichtert. Anschließend erfolgt die prototypische Umsetzung bzw. Adaption und Integration in die Szenario-Technik. Die Integration und Nutzung von digitalen Technologien wirken sich sowohl auf das methodische Vorgehen bei der Szenario-Technik als auch auf die Anforderungen an die digitale Souveränität aus.

Handlungsfeld 2: Methodische Anpassung und Weiterentwicklung der Szenario-Technik
Die Metaanalyse aus Abschn. 2 zeigt die klassischen konstituierenden und optionalen Schritte der Szenario-Technik. Durch die Integration und Nutzung von digitalen Technologien entstehen jedoch viele neue Möglichkeiten für die Szenario-Technik, z. B. durch die effiziente Berücksichtigung einer Vielzahl an Datenquellen. Einerseits können Effizienz- und Evidenzsteigerungen für bestehende Schritte erzielt werden, z. B. echtzeitfähige Sensitivitätsanalysen für Strukturbrüche im Sinne einer dynamischen Szenario-Technik (Schühly et al. 2020). Andererseits können digitale Technologien gänzlich neue Schritte für die Szenario-Technik ermöglichen. Dies würde in einer grundlegenden Weiter- bzw. Neuentwicklung der Methodik resultieren. In beiden Fällen steht die Frage, welche Tätigkeiten in welchem Umfang vom Menschen und welche von digitalen Technologien ausgeführt werden, im Mittelpunkt.

Handlungsfeld 3: Digitale Souveränität
Die digitale Souveränität stellt für die beiden vorab vorgestellten Handlungsfelder ein Querschnittsthema dar. Dabei bezeichnet die digitale Souveränität die Fähigkeit

zu selbstbestimmten Handeln und Entscheiden im digitalen Raum. Sie umfasst die Fähigkeit, digitale Technologien kompetent und zielgerichtet für die eigenen Zwecke so einzusetzen, dass die eigene Handlungs- und Entscheidungsfähigkeit mindestens erhalten bleibt (Bitkom 2015; Bogenstahl und Zinke 2017; Bitkom 2019; Institut für Innovation und Technik 2019; Hartmann 2020). Einerseits gilt es zu untersuchen, inwiefern die durch digitale Technologien unterstützte Szenario-Technik einen Beitrag zur digitalen Souveränität von Unternehmen leisten kann. Andererseits gilt es, Unternehmen unabhängig von ihrem Digitalisierungsgrad zu einer eigenständigen, digital souveränen Nutzung der Szenario-Technik mit digitalen Technologien zu befähigen. Hierzu zählt insbesondere der Aufbau der dafür erforderlichen Kompetenzen (u. a. Data Literacy) und die anwenderfreundliche Gestaltung der Interaktion von Anwendern und Anwenderinnen sowie den digitalen Technologien. Gleichzeitig müssen auch Herausforderungen adressiert werden, die erst durch die Integration und Nutzung von digitalen Technologien entstehen. Für eine hohe Akzeptanz und ein hohes Vertrauen müssen die eingesetzten digitalen Technologien vor allem die Anforderungen der Robustheit und Erklärbarkeit erfüllen; sowohl was die Ergebnisse als auch deren Zustandekommen angeht.

6 Zusammenfassung

Durch den Megatrend Digitalisierung eröffnen sich für Industrieunternehmen zahlreiche neue Möglichkeiten. Gleichzeitig werden Unternehmen allerdings durch immer dynamischere Veränderungen in immer komplexer werdenden Umfeldern, rasant steigende Datenmengen und die sinkende Halbwertszeit von Informationen vor große Herausforderungen bei der strategischen Vorausschau mit der Szenario-Technik gestellt. Digitale Technologien stellen einen Erfolg versprechenden Ansatz dar, die Erstellung von und Arbeit mit Szenarien signifikant zu verbessern; vor allem durch die Reduktion des Datenerhebungsaufwands und des Ressourceneinsatzes sowie die Steigerung der Evidenz der Ergebnisse.

Im vorliegenden Beitrag wurde die Szenario-Technik, Herausforderungen bei ihrer Anwendung und Potenziale zu deren Lösung durch Analytics-getriebene, digitale Technologien analysiert. Aus den Herausforderungen und Potenzialen lassen sich drei Handlungsfelder für die Erarbeitung eines Lösungsansatzes für eine Szenario-Technik mit digitalen Technologien ermitteln: „Integration von digitalen Technologien", „methodische Anpassung und Weiterentwicklung der Szenario-Technik" sowie „digitale Souveränität".

Literatur

acatech (Hrsg.): Künstliche Intelligenz in der Industrie. acatech HORIZONTE, München (2020)

Backhaus, K., König, U., Mohr, S., Paulsen, T.: Szenarioanalyse – Verbesserungen aus der Münsteraner Effizienz-Werkstatt. In: Gausemeier, J., Bauer, W., Dumitrescu, R. (Hrsg.) Vorausschau und Technologieplanung. Symposium für Vorausschau und Technologieplanung Bd. 14, S. 261–287. Berlin, 8.–9. November 2018. Universität Paderborn Heinz Nixdorf Institut, Paderborn (2018)

Bain & Company, Inc. (Hrsg.): Management tools. Scenario and contingency planning. https://www.bain.com/insights/management-tools-scenario-and-contingency-planning/ (2018). Zugegriffen: 18. Juli 2021

Barton, D., Manyika, J., Koller, T., Palter, R., Godsall, J., Zoffer, J.: Measuring the Economic Impact of Short-termism. https://www.mckinsey.com/~/media/mckinsey/featured%20insights/long%20term%20capitalism/where%20companies%20with%20a%20long%20term%20view%20outperform%20their%20peers/mgi-measuring-the-economic-impact-of-short-termism.ashx (2018). Zugegriffen: 18. Juli 2021

Becker, P.: Corporate Foresight in Europe: A First Overview. European Commission. Brüssel. Working Paper European Commission (2002)

Belger, A., Blum, R., Zimmermann, R.: Maschinelle Analyse und Modellierung von Texten zum Monitoring von Markt- und Technologieumgebungen. In: Gausemeier, J., Bauer, W., Dumitrescu, R. (Hrsg.) Vorausschau und Technologieplanung. Symposium für Vorausschau und Technologieplanung Bd. 15, S. 499–512. Berlin, 21.–22. November 2019. Universität Paderborn Heinz Nixdorf Institut, Paderborn (2019)

Berger, G., Bourbon Busset, J. de, Massé, P.: De la prospective. Textes fondamentaux de la prospective française, 1955–1966. (Hrsg.) von Philippe Durance. 2. Aufl. L'Harmattan, Paris (2008)

Berger, S., Denner, M.-S., Röglinger, M.: The nature of digital technologies. Development of a multi-layer taxonomy. In: Proceedings of the 26th European Conference on Information Systems (ECIS) S. 1–18, United Kingdom, Portsmouth, 23–28 Juni 2018 (2018)

Bitkom (Hrsg.): Digitale Souveränität. Positionsbestimmung und erste Handlungsempfehlungen für Europa. Bitkom Bundesverband Informationswirtschaft, Telekommunikation und neue Medien e. V. https://www.bitkom.org/sites/default/files/file/import/BITKOM-Position-Digitale-Souveraenitaet.pdf (2015). Zugegriffen: 23. Juli 2021

Bitkom (Hrsg.): Digitalisierung gestalten mit dem Periodensystem der Künstlichen Intelligenz. Ein Navigationssystem für Entscheider. Bundesverband Informationswirtschaft, Telekommunikation und neue Medien e. V. (2018)

Bitkom (Hrsg.): Digitale Souveränität: Anforderungen an Technologie- und Kompetenzfelder mit Schlüsselfunktion. Bitkom Bundesverband Informationswirtschaft, Telekommunikation und neue Medien e. V. https://www.bitkom.org/sites/default/files/2020-01/200116_stellungnahme_digitale-souveranitat.pdf (2019). Zugegriffen: 23. Juli 2021

Blessing, L.T.M., Chakrabarti, A.: DRM, a design research methodology. Springer, London (2009)

Bogenstahl, C., Zinke, G.: Digitale Souveränität – ein mehrdimensionales Handlungskonzept für die deutsche Wirtschaft. In: Wittpahl, V. (Hrsg.) Digitale Souveränität, S. 65–82. Springer, Berlin (2017)

Bortz, J., Döring, N.: Forschungsmethoden und Evaluation, 4. Aufl. Springer, Berlin (2006)

Dumitrescu, R., Gausemeier, J.: Innovationen im Zeitalter der Digitalisierung. Industrie 4.0 Management (2). (2018)

Echterhoff, B., Gausemeier, J., Koldewey, C., Mittag, T., Schneider, M., Seif, H.: Geschäftsmodelle für die Industrie 4.0. In: Jung, H.H., Kraft, P. (Hrsg.) Digital vernetzt. Transformation der Wertschöpfung S. 35–56. Hanser, München (2016)

Fahrwinkel, U.: Methoden zur Modellierung und Analyse von Geschäftsprozessen zur Unterstützung des Business Process Reengineering. Dissertation. Paderborn, Fakultät für Maschinenbau, Universität Paderborn, HNI-Verlagsschriftenreihe, Band 1, Paderborn. (1995)

Fink, A., Siebe, A.: Handbuch Zukunftsmanagement. Werkzeuge der strategischen Planung und Früherkennung. Campus, Frankfurt a. M. (2006)

Gausemeier, J., Dumitrescu, R., Echterfeld, J., Pfänder, T., Steffen, D., Thielemann, F.: Innovationen für die Märkte von morgen. Strategische Planung von Produkten, Dienstleistungen und Geschäftsmodellen. Hanser, München (2019)

Gausemeier, J., Plass, C.: Zukunftsorientierte Unternehmensgestaltung. Strategien, Geschäftsprozesse und IT-Systeme für die Produktion von morgen, 2. Aufl. Hanser, München (2014)

Geschka, H.: Szenariotechnik als Instrument der Frühaufklärung. In: Gassmann, O., Kobe, C. (Hrsg.) Management von Innovation und Risiko, S. 357–372. Heidelberg, Springer (2006)

Geschka, H., Hammer, R.: Die Szenario-Technik in der strategischen Unternehmensplanung. In: Hahn, D., Taylor, B. (Hrsg.) Strategische Unternehmungsplanung / Strategische Unternehmungsführung. Stand und Entwicklungstendenzen S. 311–336. Physica-Verlag HD, Heidelberg (1990)

Geschka, H., Reibnitz, U. Von: Die Szenario-Technik – ein Instrument der Zukunftsanalyse und der strategischen Planung. In: Töpfer, A., Afheldt, H., Andreae, M. (Hrsg.) Praxis der strategischen Unternehmensplanung, 2. Aufl., S. 125–170. Poller, Stuttgart (1987)

Godet, M.: Scenarios and strategic management. Butterworth, London (1987)

Gomez, P., Escher, F.: Szenarien als Planungshilfen. Management-Zeitschrift Industrielle Organisation 49(9), 416–420 (1980). https://www.alexandria.unisg.ch/id/eprint/11119

Götze, U.: Szenario-Technik in der strategischen Unternehmensplanung. Zugl.: Göttingen, Univ., Dissertation, 1990. 2. Aufl., Deutscher Universitätsverlag, Wiesbaden (1993)

Hartmann, E.A.: Digitale Souveränität in der Wirtschaft – Gegenstandsbereiche, Konzepte und Merkmale. In: Hartmann, E.A. (Hrsg.) Digitalisierung souverän gestalten, S. 1–16. Springer, Berlin (2020)

Heinecke, A., Schwager, M.: Die Szenario-Technik als Instrument der strategischen Planung. Technical University, Braunschweig (1995)

Huss, W.R., Honton, E.J.: Scenario planning—what style should you use? Long Range Plan. 20(4), 21–29 (1987). https://doi.org/10.1016/0024-6301(87)90152-X

Institut für Innovation und Technik (Hrsg.): Bekanntmachung. Promotionsbegleitende Zuschüsse (2019–2023) im Rahmen eines interdisziplinären Graduiertennetzwerks zum Themenbereich „Maschinenbau der Zukunft". https://www.iit-berlin.de/de/aktuelles/BekanntmachungGraduiertennetzwerkDigitaleSouvernittinderWirtscha…pdf (2019). Zugegriffen: 12. Okt. 2019

Ködding, P., Dumitrescu, R.: Forschungsfelder für Künstliche Intelligenz in der strategischen Produktplanung. In: Hartmann, E.A. (Hrsg.) Digitalisierung souverän gestalten, S. 59–73. Springer, Berlin (2020)

Kosow, H., Gaßner, R., Erdmann, L.: Methoden der Zukunfts- und Szenarioanalyse. Überblick, Bewertung und Auswahlkriterien. IZT, Berlin (2008)

Linnemann, R.E., Kennell, J.D.: Shirt-sleeve approach to long-range plans. Harv. Bus. Rev. (März), 141–150 (1977). https://hbr.org/1977/03/shirt-sleeve-approach-to-long-range-plans

Lipsmeier, A., Bansmann, M., Roeltgen, D., Kuerpick, C.: Framework for the identification and demand-orientated classification of digital technologies. In: 2018 IEEE International Conference on Technology Management, Operations and Decisions (ICTMOD), Marrakech, Morocco, 21.–23. November 2018. IEEE, 31–36 (2018)

Loebbecke, C.: Digitalisierung. Technologien und Unternehmensstrategien. In: Scholz, C. (Hrsg.) Handbuch Medienmanagement. Mit 46 Tabellen, S. 357–373. Springer, Berlin (2006)

Mohr, S.: Decomposing consistency matrices. A methodological approach to increase efficiency and applicability of consistency analysis in scenario processes. Dissertation, Münster, Westfälischen Wilhelms-Universität Münster (2016)

Oberkampf, V.: Szenario-Technik. Darstellung der Methodik. Frankfurt (1976)

Ogilvy, J.: Scenario planning and strategic forecasting. https://www.forbes.com/sites/stratfor/2015/01/08/scenario-planning-and-strategic-forecasting/?sh=1327b5a5411a (2015). Zugegriffen: 7. Apr. 2021

Pütter, C.: Einsatzszenarien von KI bis 2040. https://www.cio.de/a/einsatzszenarien-von-ki-bis-2040,3579864 (2018). Zugegriffen: 22. Juli 2021

Reibnitz, U. Von: Szenario-Technik. Instrumente für die unternehmerische und persönliche Erfolgsplanung, 2. Aufl. Gabler Verlag, Wiesbaden (1992)

Rigby, D., Bilodeau, B.: Management tools & trends. https://www.bain.com/contentassets/caa40128a49c4f34800a76eae15828e3/bain_brief-management_tools_and_trends.pdf (2018)

Rohrbeck, R., Kum, M.E.: Corporate foresight and its impact on firm performance: a longitudinal analysis. Technol. Forecast. Soc. Chang. **129**, 105–116 (2018). https://doi.org/10.1016/j.techfore.2017.12.013

Rohrbeck, R., Etingue Kum, M., Jissink, T., Gordon, A.V.: Corporate foresight benchmarking report 2018. How leading firms build a superior position in markets of the future. SSRN Electron. J. (2018). https://doi.org/10.2139/ssrn.3178562

Schnaars, S.P.: How to develop and use scenarios. Long Range Plan. **20**(1), 105–114 (1987). https://doi.org/10.1016/0024-6301(87)90038-0

Schühly, A., Becker, F., Klein, F.: Real time strategy: when strategic foresight meets artificial intelligence. Emerald Publishing Limited (2020)

Segner, M.: Szenario-Technik. Methodische Darstellung und kritische Analyse. Forschungsreihe Systemtechnik, Bd. 8. (1976)

Sohrabi, S., Katz, M., Hassanzadeh, O., Udrea, O., Feblowitz, M.D., Riabov, A.: IBM scenario planning advisor: plan recognition as AI planning in practice. AI Commun. **32**(1), 1–13 (2019). https://doi.org/10.3233/AIC-180602

Stelzer, B., Meyer-Brötz, F., Schiebel, E., Brecht, L.: Combining the scenario technique with bibliometrics for technology foresight: The case of personalized medicine. Technol. Forecast. Soc. Chang. **98**, 137–156 (2015). https://doi.org/10.1016/j.techfore.2015.06.008

vom Brocke, J.: Design principles for reference modeling. In: Fettke, P., Loos, P. (Hrsg.) Reference modeling for business systems analysis, S. 47–76. IGI Global (2007)

Wem gehören die Daten? Vertragliche Regelungen, Möglichkeiten und Grenzen bei der Nutzung datenbasierter Produkte

Julia Froese[✉] und Sebastian Straub

Institut für Innovation und Technik (iit), Steinplatz 1, 10623 Berlin, Deutschland

{Froese,Straub}@iit-berlin.de

Zusammenfassung. Dieser Beitrag nimmt die Geschäftsbeziehung zwischen Hersteller und Nutzer einer Maschine in den Blick und zeigt auf, welche Aspekte in Bezug auf die Daten, die bei der Nutzung der Maschine entstehen, vertraglich geregelt werden sollten. Aufbauend auf einer Einordnung der Thematik sowie einer kurzen Darstellung der gegenwärtigen (Rechts-)Lage werden anhand eines konkreten Fallbeispiels aus dem Werkzeugmaschinenbau die einzelnen Regelungsgegenstände, Möglichkeiten und Grenzen der Vertragsgestaltung aufgezeigt.

Schlüsselwörter: Digitale Souveränität · Datenhoheit · Datenzugriff · Nutzungsrechte · Vertragsgestaltung

1 Einleitung

Geht es um das rechtliche Schicksal von Daten, die bei oder durch die Nutzung einer Maschine entstehen, so halten sich die gesetzlichen Regelungen hierzu in einem überschaubaren Rahmen. Dies führt zu Unsicherheit auf Seiten der Anwender in Bezug auf die bestehenden Möglichkeiten (so auch Geerenstein 2020) und ist letztendlich einer der Gründe dafür, dass das in der Nutzung der Daten liegende Potenzial nicht voll ausgeschöpft wird. Die bestehenden Regulierungsbestrebungen auf EU-Ebene[1] zielen daher schon allein aus wirtschaftlichen Gründen darauf ab, diese Situation durch Schaffung eines Rechtsrahmens zu verbessern (Europäische Kommission 2017). Die seit Mai 2019 geltende Verordnung über den freien Verkehr nicht personenbezogener Daten in der EU (VO (EU) 2018/1807) enthält dementsprechend Bestimmungen, die diesbezügliche Hindernisse[2] beseitigen sollen. Darüber hinaus besteht allerdings weiterhin erheblicher Spielraum, was die Datenhoheit, also die Zuordnung und den Zugriff auf Daten, angeht. Jedoch muss dies nicht zwingend

---

[1] Vgl. für einen Überblick einschließlich einer Einordnung der Mitteilung der EU-Kommission: Wiebe 2017.

[2] Wie etwa Datenlokalisierungsmaßnahmen, die grundsätzlich unzulässig sein sollen, vgl. Art. 4 VO (EU) 2018/1807.

© Der/die Autor(en) 2022

E. A. Hartmann (Hrsg.): *Digitalisierung souverän gestalten II*, S. 136–151, 2022.

https://doi.org/10.1007/978-3-662-64408-9_11

ein Hemmnis sein, sondern kann durchaus auch Vorteile bringen: Bewegt man sich geschäftlich in einem Bereich, der stark von der Industrie 4.0 geprägt ist oder das Potenzial dazu bietet, und ist man ausreichend über Regelungsbedarf, Ausgestaltungs-möglichkeiten und -grenzen informiert, ist man in der Lage, flexibler und interessen-gerechter anhand des jeweiligen Einzelfalls zu agieren, als es unter Umständen mit einer gesetzlichen Normierung der Fall wäre.

Anhand eines fiktiven Beispiels einer Geschäftsbeziehung zwischen Hersteller und Nutzer einer Maschine mit Computerized-Numerical-Control (CNC)-Steuerung sollen im vorliegenden Beitrag die Regelungsgegenstände dargestellt werden, die in der Konstellation typischerweise relevant werden, und Hinweise für die vertrag-liche Ausgestaltung gegeben werden. Eine kurze Übersicht zur Rechtslage soll dazu dienen, den Bedarf vertraglicher Regelungen aufzuzeigen.[3]

Die angesprochene Flexibilität ist beim Thema Datenaustausch/Datensouveräni-tät nach derzeitigem Stand ohnehin geboten: Daten spielen überall eine Rolle, die Digitalisierung zieht sich als Querschnittsthematik durch nahezu alle Rechts-gebiete. Die im folgenden Abschnitt beschriebene bilaterale Beispielkonstellation kann im Grundsatz um beliebig viele Akteure (Plattformbetreiber, weitere Zulieferer etc.) erweitert werden und stellt so gesehen lediglich einen Ausschnitt des durch die Digitalisierung ermöglichten Wertschöpfungsnetzwerks dar, in der sich mit der jeweiligen Konstellation und Branche auch die Interessenlage und damit die Anforderungen an den Vertrag ständig ändern können. Selbst wenn man den Kreis etwas enger zieht und sich etwa, wie hier, auf den Werkzeugmaschinenbau beschränkt, verbleiben eine Vielzahl unterschiedlicher Fallgestaltungen.

Je nachdem können – über diesen Beitrag hinausgehend – dann Themen wie Inter-operabilität, die Festlegung (übergreifender) Sicherheitsstandards, die in bestimmten ‚vulnerablen' Bereichen, wie beispielsweise Energie und Versorgung, auch gesetz-lichen Vorgaben entsprechen müssen,[4] die Beachtung der Lizenzbedingungen bei der Nutzung von Open-Source-Software, Rechtsfragen grenzüberschreitender Ver-träge – um nur ein paar Beispiele zu nennen – für die Vertragsgestaltung an Relevanz gewinnen.

2 Ausgangslage

Zunächst soll folgendes Beispiel dazu dienen, einen bestehenden Regelungsbedarf aufzuzeigen und die nachfolgenden Ausführungen zu veranschaulichen:

N beliefert Unternehmen verschiedener Industriebranchen mit Bauteilen aus Stahl und Kunststoff, die in größere Maschinen eingesetzt werden. Um die auf die

---

[3] Für eine umfassendere Darstellung siehe Froese/Straub 2020.

[4] Im Bereich ‚kritischer Infrastrukturen' sind die Betreiber der jeweiligen Anlagen verpflichtet, bestimmte Sicherheitsstandards einzuhalten und Vorsorgemaßnahmen zu treffen. Im Mai 2021 wurden diese Vorgaben durch das ‚IT-Sicherheitsgesetz 2.0' erweitert, beispielsweise um die Pflicht zur Einsetzung von Systemen zur Angriffserkennung, § 8a Abs. 1a Gesetz über das Bundesamt für Sicherheit in der Informationstechnik (BSIG).

jeweiligen Bedarfe seiner Kunden abgestimmten, unterschiedlichen Teile möglichst effizient herstellen zu können, schließt er einen Vertrag mit H, die sich auf die Herstellung von CNC-Fertigungszentren spezialisiert hat. Von H erwirbt N eine automatisierte Universalfräsmaschine, die unterschiedliche Werkstoffe nach verschiedenen Geometrien bearbeiten kann. Die jeweiligen Befehle an die Maschine kann N durch die zugehörige Software einstellen und steuern. Die in der Software gespeicherten Daten will H weiter nutzen, um die Funktionalität der Maschine zu beobachten und, durch einen Vergleich mit den Daten der gleichen Maschine von anderen Nutzern, Verbesserungspotenziale für künftige Versionen der CNC-Fertigungszentren zu identifizieren. Außerdem geben die Daten Aufschluss über den Zustand des Fertigungszentrums. H will diese Daten nutzen und N die Zusatzleistung anbieten, die Maschine nur dann zu reparieren oder Teile auszuwechseln, wenn absehbar ist, dass die Maschine bald nicht mehr die vereinbarte Leistung erbringen kann – also bevor der Reparaturfall überhaupt eintreten würde (Predictive Maintenance). Das ist prinzipiell auch im Interesse von N, der jedoch auf der anderen Seite aber auch keine Leistung in Anspruch nehmen möchte, die (noch) nicht erforderlich ist. Die Daten der Maschine sind für N wiederum auch deshalb interessant, weil er so seine eigene Produktion und Produktivität auswerten und seine Prozesse optimieren kann. Ferner möchte N verhindern, dass H durch die Auswertung der Daten seiner Maschine und ihrer Auslastung Kenntnis erlangt über die Auftragslage seines Unternehmens oder sonstige sensible Informationen. N möchte zumindest wissen, welche Daten H zur Verfügung stehen, und Einfluss darauf nehmen können, wie und zu welchem Zweck diese genutzt und womöglich sogar weitergegeben werden.

Ein jeder der Beteiligten kann hier aus unterschiedlichen Gründen ein Interesse daran haben, die Daten, die die Maschine produziert, oder Teile davon, zu nutzen.

Wird hierzu nichts weiter vertraglich vereinbart, löst sich dieses Problem rein technisch: Derjenige, der faktisch auf die Daten zugreifen kann, kann diese für sich nutzen (vgl. Froese/Straub 2020). Daten gehören nach der Rechtsordnung niemandem: Es gibt kein Eigentum oder ein vergleichbares ausschließliches Hoheitsrecht an Daten. Dies gilt auch für personenbezogene Daten. Die strengen Vorgaben des Datenschutzes und die vergleichsweise weitgehenden Ansprüche der betroffenen Person liegen darin begründet, dass die erfassten Daten das allgemeine Persönlichkeitsrecht und damit einen grundrechtssensiblen Bereich betreffen, der besondere Anforderungen an die Rechtmäßigkeit einzelner Eingriffe stellt (BVerfGE 1983). Ein Eigentum an Daten ist damit nicht verbunden.

Neben dem Datenschutzrecht gibt es in anderen Teilrechtsgebieten vereinzelt Verfügungsrechte an Daten und punktuelle Schutzrechte, wie etwa im Urheberrecht, welches in §§ 4 und 87 ff. UrhG der Person, die eine Datenbank erstellt hat, unter bestimmten Voraussetzungen gewisse Rechte gewährt.[5] Hier sind Einzeldaten mittelbar geschützt, über den Schutz der Datenbank als solcher sowie den Schutz der Investition in Aufbau und Pflege der Datenbank. Handelt es sich bei den in Daten verkörperten Informationen um Geschäftsgeheimnisse, sind diese durch das Geschäftsgeheimnisgesetz (vgl. §§ 6 ff. GeschGehG) vor unberechtigter Erlangung, Nutzung

---

[5] S. hierzu im Einzelnen Froese/Straub 2020.

und Offenlegung geschützt. Während auf Rechtsfolgenseite durchaus weitreichende Ansprüche bestehen, liegt die Schwierigkeit für die Geschädigten hier eher auf der Tatbestandsseite, nämlich bei der Frage, ob es sich bei einer Information um ein Geschäftsgeheimnis im Sinne des § 1 GeschGehG handelt. Um diesen Nachweis zu erbringen, muss das betroffene Unternehmen unter anderem darlegen können, dass angemessene Geheimhaltungsmaßnahmen zum Schutz der Information ergriffen worden sind. Hierzu müssen die jeweiligen Informationen dergestalt klassifiziert werden, dass bei steigender Bewertung der Schutzbedürftigkeit entsprechend risiko-adäquate Maßnahmen technischer, organisatorischer und rechtlicher Art ergriffen worden sind (Froese/Straub 2020).

Da die genannten Regelungen lediglich punktuellen Schutz bieten und die Schutz-normen nur einen eng begrenzten Anwendungsbereich haben, sind vertragliche Absprachen unerlässlich, um einen sachgerechten Ausgleich der jeweiligen Interessen auch im Einzelfall herzustellen.

Allgemeine Obergrenzen werden ferner durch zwingende Regelungen im Zivil-recht (§§ 138, 242, 305 ff. BGB) oder auch durch das Wettbewerbsrecht (§§ 18, 19 GWB) festgelegt. Jedoch sollen diese Normen lediglich krasse Missverhält-nisse verhindern und darüber hinaus die grundsätzlich bestehende Vertragsfreiheit nicht beschränken (siehe hierzu auch unter 4.3). Das hat zur Folge, dass die meisten benachteiligenden Regelungen nicht die Schwelle zur Unwirksamkeit überschreiten und man daher als Vertragspartner selbst gehalten ist, Standards zu setzen.

3 Ausgestaltungsmöglichkeiten und Hinweise

Einleitend sollen die folgenden Ausführungen den Inhalt dieses Abschnitts erläutern.

Die Vertragsparteien können Regelungen zu Daten in einen bestehenden Vertrag aufnehmen (etwa in einen Kauf- oder Wartungsvertrag) oder in einem eigenen Vertrag regeln (Hoeren/Uphues 2020) − allgemeine, vertragliche Aspekte spielen in beiden Fällen eine Rolle. Diese werden daher im Folgenden ebenfalls dargestellt, allerdings nur insoweit vertieft, wie es dem Fokus dieses Beitrags entspricht. Auf weiterführende Informationen wird jeweils in den Fußnoten hingewiesen.

Ferner sind bei Vertragsverhandlungen verschiedene Punkte zu beachten, die nicht direkt sichtbar im Vertrag auftauchen, aber bedeutend für seine Gültigkeit, seine Beständigkeit und seinen Nutzen sind. Dies ist zum einen die Frage der Vertragsart (siehe hierzu 3.1), zum anderen die Beachtung zwingenden Rechts und allgemeiner Rechtsgrundsätze wie Normenklarheit und -bestimmtheit. Wenngleich nicht jede Missachtung oder jeder kleine Fehler Konsequenzen nach sich zieht oder gar zu einer Nichtigkeit des gesamten Vertragswerks führt, sollte eine Vereinbarung doch abseits der rein technischen Wirksamkeit Vorteile für eine bestehende Zusammenarbeit bringen und diese erleichtern, und nicht verkomplizieren. Die wichtigsten Fragen in diesem Zusammenhang werden daher unter 3.3 adressiert.

3.1 Vertragsart

Das Bürgerliche Gesetzbuch (BGB) enthält besondere Bestimmungen für einzelne Vertragsarten, die über diejenigen des allgemeinen Schuldrechts hinausgehen. Diese orientieren sich an klassischen ‚Geschäftstypen' wie Kauf, Pacht, Miete etc. und erfassen Rechtsgeschäfte mit Daten, wenn überhaupt, nur mittelbar. Bei einer atypischen Konstellation wie der vorliegenden kann man entweder mehrere Vertrags-typen kombinieren und die jeweils passenden Elemente aus einem Teilrechtsgebiet wählen oder man schafft einen eigenständigen, von den geregelten Typen losgelösten Vertrag sui generis. Dies ist für die Frage relevant, welche Rechtsvorschriften zur Bewertung des Vertrags und zur Lösung etwaiger Meinungsverschiedenheiten heran-gezogen werden. Bei einem typengemischten Vertrag sind dies primär Spezial-regelungen.[6] In der vorliegenden Konstellation wird es auf einen Vertrag sui generis hinauslaufen, mit der Folge, dass das allgemeine Schuldrecht zur Anwendung kommt (Emmerich 2019).

3.2 Vertragsbestandteile

Zwingende, wesentliche Vertragsbestandteile sowie weitere, den Interessen der Parteien dienende Gesichtspunkte zusammengenommen, kommt man auf folgende Regelungsgegenstände, die in diesem Abschnitt im Einzelnen dargestellt werden: Vertragsparteien, Vertragsgegenstand, Leistungspflichten/Zugriffsrechte/Nutzungs-zwecke, Beschaffenheit des Vertragsgegenstands, Bestimmungen technischer Art zur Übertragung und Bereitstellung der Daten, Laufzeit des Vertrags und Kündigung, Haftung für durch fehlerhafte Daten entstandene Schäden, Fragen zur Durchsetzung des Vertrags.

Zusätzlich sollten in einer Präambel oder an anderer Stelle weitere Erläuterungen angefügt werden, die nicht primär die vertraglichen Leistungen betreffen, sondern den Inhalt, den zugrunde liegenden Sachverhalt und Regelungszweck des Ver-trages näher beschreiben. Bei sehr technisch gelagerten oder komplizierten Sach-verhalten dient dies dem besseren Verständnis außenstehender Nutzer und verschafft Klarheit bei Auslegungsschwierigkeiten. Die Erläuterungen umfassen idealerweise Definitionen der genutzten Begriffe, Beschreibungen der technischen Umsetzung und der genutzten Systeme sowie eventuell kurze Ausführungen zum Hintergrund des Ver-trags (Kuß 2020).

Vertragsparteien. Die Nennung der Vertragsparteien ist essenzieller Bestandteil eines wirksamen Vertrages. Handelt es sich bei einer der Parteien um einen Konzern, ist darauf zu achten, dass exakt die Gesellschaft bezeichnet wird, mit der der Vertrag geschlossen werden soll. Gesellschaften müssen außerdem wirksam vertreten werden[7]

---

[6] Wobei allerdings umstritten ist, nach welcher Methode die einschlägigen Regelungen bestimmt werden (Emmerich 2019).

[7] Die Anforderungen an eine wirksame Vertretung sind je nach Gesellschaftsform unterschied-lich, vgl. zum Beispiel § 125 HGB für die offene Handelsgesellschaft (oHG) oder § 35 GmbHG für die Gesellschaft mit beschränkter Haftung (GmbH).

Vertragsgegenstand. Der Vertragsgegenstand muss bezeichnet werden. Bei Daten ist dies aufgrund ihrer fehlenden Verkörperung herausfordernd – eine möglichst detaillierte Aufzählung und Einordnung aber gerade deshalb wichtig. Damit es im Nachgang nicht zu Regelungslücken kommt, sollte darauf geachtet werden, die anfallenden Daten umfassend einzubeziehen. Unter Umständen bietet es sich hier an, nach Nennung konkreter Daten(-gruppen) eine ‚Auffangformulierung‘ zu ergänzen, die sich auf ‚*alle weiteren Daten*‘ bezieht, die ‚*durch oder bei Betrieb von [XY] entstehen*‘

Sollen außerdem für verschiedene Arten von Daten verschiedene Rechte vorgesehen werden, sollte an dieser Stelle die entsprechende Gruppierung und Zuordnung erfolgen. In den folgenden vertraglichen Ausführungen können dann die jeweiligen Gruppenbezeichnungen verwendet werden. Anhand welcher Merkmale die Zuordnung erfolgt, kommt auf die Interessenlage im Einzelfall an. Möglich ist etwa eine Unterscheidung nach dem situativen Entstehungskontext (Bsp.: Fehlermeldungen) oder eine Unterscheidung von maschinenbezogenen und produktbezogenen Datensätzen (Geerenstein 2020). Je nach Menge und Komplexität bietet es sich an, die Daten in einem separaten Dokument im Anhang zu listen und im Vertrag selbst nur darauf zu verweisen.

An dieser Stelle sollten zudem der Datenspeicherort bezeichnet werden sowie Möglichkeiten und etwaige Erfordernisse, hierauf zuzugreifen.

Leistungspflichten, Zugriffsrechte und Nutzungszwecke. Die Bestimmungen zu Zugriffs- und Verfügungsrechten bilden den zentralen Kern einer Vereinbarung über Daten einer Maschine. Bei der Entscheidung darüber, welcher Partei man in welchem Umfang welche Rechte einräumen möchte, können der bestehende Gestaltungsspielraum voll ausgeschöpft und die konkreten Umstände des Einzelfalls optimal berücksichtigt werden. Den Parteien steht es frei, wie detailliert sie hier werden wollen. Im Interesse der Verständlichkeit sowie zur Minimierung möglicher Fehlerquellen ist es jedoch ratsam, von kleinteiligen Regelungen abzusehen, wenn sie nicht zur Wahrung der Interessen notwendig sind. Auch hier ist es wichtig, zu prüfen, ob man eine den Sachverhalt erschöpfende Regelung getroffen hat und nicht durch die gewählten Formulierungen bestimmte Konstellationen später ‚durch das Raster fallen‘. Sicherstellen kann man das (wie oben), indem man eine umfassende, sich auf alles beziehende Regel aufstellt, die man ‚vor die Klammer zieht‘ und die immer dann gilt, sofern keine der besonderen Regelungen einschlägig ist

Verdeutlichen lässt sich dies am ehesten an einem Beispiel: Daten lassen sich einsehen, man kann sie speichern, kopieren, mit anderen Daten in Relation setzen, zusammenfassen, auswerten, weitergeben, veröffentlichen etc. Diese Begriffe sind weder klar definiert noch trennscharf voneinander abzugrenzen, es kann also zu Lücken oder Widersprüchen kommen, wenn man etwa formulieren würde: ‚*A darf die Daten X auswerten, B soll einen lesenden Zugriff auf die Daten Y erhalten*‘. Darf B die Daten auch speichern oder nicht? Ist darüber hinaus jeder weitere Zugriff auf die Daten Y verboten? Wenn A für die Auswertung der Daten X zwangsläufig auch die Daten Y braucht, darf er dann auch auf diese zugreifen, auch wenn dies nicht ausdrücklich vorgesehen wurde? Durch künftige Ereignisse können zudem weitere

Fragen entstehen, die man bei Vertragsschluss noch nicht bedacht hatte. Wichtig ist hier also:

- Zunächst müssen sich die Parteien auf gemeinsame Begriffe und ihre Bedeutung verständigen und dies (etwa in der Präambel, s. o.) schriftlich festhalten. Hierbei kann man die einzelnen Rechte, die in der konkreten Konstellation sinnvollerweise zusammenhängen (müssen), zusammenfassen. Beispielsweise könnte eine *,Berechtigungsstufe 1'* das Recht zur Einsichtnahme und Speicherung beinhalten und weitergehende Befugnisse wie Vervielfältigung, Weitergabe und jegliche Art der Verarbeitung ausschließen; eine *,Berechtigungsstufe 2'* neben den Rechten aus Stufe 1 noch die Rechte zur Vervielfältigung und Verarbeitung, aber kein Recht zur Weitergabe an Dritte beinhalten, usw.
- Anschließend erfolgt eine Zuordnung der gewählten Befugnisse zu den Daten einerseits und zu den Personen andererseits. Man kann eine Person bestimmen, der grundsätzlich alle Rechte zustehen und den anderen Beteiligten die jeweils passenden Zugriffsrechte zu bestimmten Zwecken einräumen. Diese Zuordnungen können auch für jede Datengruppe getrennt erfolgen.

Im Eingangsbeispiel benötigt H Daten über den Zustand der einzelnen Werkzeuge und Systeme (Daten ,A'), um einerseits Optimierungsmöglichkeiten für künftige Fertigungszentren und andererseits einen sich anbahnenden Reparaturbedarf zu identifizieren. H muss diese Daten also auswerten und braucht entsprechende Rechte zur Einsichtnahme und Verarbeitung. Für N ist es wichtig, dass transparent ist, welche Daten H nutzt, insbesondere, wenn es darum geht, hierauf aufbauend weitere Leistungen zu verkaufen. Zusätzlich möchte N die Daten zu Laufzeit und Auslastung der Maschine auswerten (Daten ,B'), um seine Produktivität und seine Prozesse zu optimieren. Da diese Daten mittelbar Aufschluss über die Auftragslage von N geben, soll H hierauf nicht – auch nicht lesend – zugreifen können. Dieser Interessenlage entspricht es am ehesten, N einen lesenden und H einen weitergehenden Zugriff auf die Daten A zuzuweisen, während die Daten B nur N zugänglich sein werden.

Die Nennung der jeweiligen Nutzungszwecke kann in manchen Konstellationen hilfreich sein, um spätere Auslegungsschwierigkeiten etwa bei Gewährleistungsansprüchen zu vermeiden (siehe auch ,Beschaffenheitsvereinbarung').

Möglich, aber nicht zwingend, ist es, dies um eine ausdrückliche Aussage zum Verbot zur Weitergabe der Daten an Dritte zu ergänzen. Wenn Daten zu bestimmten Zwecken an Dritte weitergegeben werden sollen (was aus unterschiedlichen Gründen im Interesse der Parteien sein kann[8]), sollten die entsprechenden Nutzungsbefugnisse auf die im Einzelnen festgelegten Zwecke beschränkt werden und jegliche Weitergabe oder sonstige weitere Verwendung ausgeschlossen werden, damit sichergestellt ist, dass keine Geschäftsgeheimnisse an Unbefugte weitergegeben oder sonstige geschäftsschädigende Handlungen vorgenommen werden.

---

[8] Etwa: Veräußerung von Daten als Geschäftsmodell, Einbindung Dritter für weitere Auswertungen im eigenen Interesse oder auch eine grundsätzliche Trennung von Maschine und Daten etwa durch bestehende Kooperationsmodelle zwischen Maschinenherstellern und Datenplattformen, um nur ein paar mögliche Konstellationen der Erweiterung zu nennen.

Beschaffenheitsvereinbarung. In Konstellationen, in denen auf Grundlage der Daten, die durch eine Partei überlassen werden, weitere Dienste oder Produkte angeboten werden, empfiehlt es sich, hinsichtlich der Beschaffenheit der Daten eine Vereinbarung zu treffen. Im Rahmen einer solchen Beschaffenheitsvereinbarung können positive oder negative Leistungsstandards festgelegt werden (Kuß 2020). Positive Leistungsstandards können etwa Anforderungen hinsichtlich der Datenqualität, des Datenformats oder der Aktualität der Daten enthalten. Die Vertragsparteien konkretisieren im Rahmen der Beschaffenheitsvereinbarung die vertraglich geschuldete Leistungspflicht und bestimmen damit zugleich die sog. Sollbeschaffenheit der Daten. Durch die Festlegung von Qualitätseigenschaften stellt der Leistungsempfänger sicher, dass die Daten für den vorgesehenen Zweck (z. B. ein Zustands- und Wartungsmonitoring) verwendet werden können. Zudem sorgt eine Beschaffenheitsvereinbarung für mehr Rechtssicherheit. Denn anhand von konkret festgelegten Kriterien lassen sich negative Abweichungen in der Datenqualität leichter feststellen. Wird die zugesicherte Datenqualität unterschritten, liegt ein Mangel vor und auf Seiten des Leistungsempfängers können Gewährleistungs- und/oder Schadensersatzansprüche entstehen. Legen die Vertragsparteien keine Sollbeschaffenheit fest, lässt sich die Mangelfreiheit der Daten deutlich schwerer ermitteln. In diesem Fall kommt es in Bezug auf die Mangelfreiheit darauf an, ob sich die bereitgestellten Daten für den im Vertrag vorgesehenen Zweck eignen. Liegt der Zweck der Datenbereitstellung beispielsweise in der Erbringung einer Dienstleistung und erweisen sich die Daten als hierfür ungeeignet, stellt dies einen Mangel dar. Regelt der Vertrag weder eine Sollbeschaffenheit noch einen erkennbaren Verwendungszweck, kommt es für die Mangelfreiheit auf die Geeignetheit zur gewöhnlichen Verwendung an. Es ist dann zu prüfen, ob die Daten eine Beschaffenheit aufweisen, die bei Gütern der gleichen Art üblich sind. Die Herbeiziehung eines entsprechenden Vergleichsstandards stellt sich in Bezug auf Daten häufig als schwierig dar. Aus diesem Grund ist eine möglichst konkrete Beschaffenheitsbeschreibung hilfreich, Unklarheiten in Bezug auf die geschuldete Leistung auszuräumen. Daneben sorgt auch die Festlegung eines konkreten Verwendungszwecks für mehr Rechtssicherheit

Bestimmungen technischer Art zur Übertragung und Bereitstellung der Daten. Neben einer vertraglichen Regelung zur Datenbeschaffenheit sollten die Vertragsparteien zudem die Umstände der Datenbereitstellung festgelegen. Das betrifft insbesondere die technische Seite. Zu bestimmen sind unter anderem die zu verwendenden Schnittstellen oder Datenformate. Darüber hinaus sollte eine Vereinbarung darüber getroffen werden, in welchem zeitlichem Abstand Daten geliefert werden und wer die Kosten für die Anbindung an Kommunikationsdienstleister zu tragen hat (Sattler 2020). Da das Verfahren zur Übergabe der Datensätze einen besonders erfolgskritischen Faktor darstellt, sollten die technischen Belange zuvor mit den IT-Abteilungen abgestimmt werden (Apel 2021)

Laufzeit des Vertrags und Kündigung. Verträge in der vorigen Konstellation werden sich wahrscheinlich nicht in einem einmaligen Leistungsaustausch erschöpfen: Die Maschine produziert fortwährend Daten, die sukzessive entstehen und wahrscheinlich auch so genutzt werden sollen. Es wird sich also in den meisten Fällen um ein sog. Dauerschuldverhältnis handeln (vgl. Gaier 2019). Da dieses also auch nach dem ersten Leistungsaustausch fortbesteht, können sich die Parteien an dieser Stelle überlegen, welche Ausgestaltung der Laufzeit am besten zu ihrer Geschäftsbeziehung passt: Schließt man einen Vertrag auf unbestimmte Zeit, kann dieser durch ordentliche Kündigung (für die Zukunft) beendet werden (Gaier 2019). In diesem Fall sind gleichzeitig Bestimmungen für die einzuhaltende Frist und die Modalitäten der Kündigung aufzunehmen. Soll der Vertrag befristet sein, endet er nicht durch Kündigung, sondern durch Zeitablauf. Das Ende eines befristeten Vertrags kann dabei von einem Zeitpunkt oder auch dem Eintritt eines Ereignisses abhängig gemacht werden. Sowohl befristete als auch unbefristete Verträge können gemäß § 314 BGB durch außerordentliche Kündigung[9] beendet werden, wenn eine Fortsetzung des Vertrags ansonsten unzumutbar wäre[10]

An dieser Stelle muss auch eine Regelung dazu getroffen werden, was mit den bis dato entstandenen Daten nach Vertragsende passiert. Im Beispielfall sind beide Parteien nach der getroffenen Vereinbarung sowieso schon im Besitz der für sie wichtigen Daten. Hier sollte man Aussagen dazu treffen, dass die entsprechenden Auflagen und Beschränkungen auch nach Vertragsende fortbestehen. Relevanter ist eine Regelung in Fällen, in denen nur eine Partei über die Daten der Maschine verfügen kann – hier könnte es zu Konstellationen kommen, in denen die jeweils andere Partei mittelbar an den Vertrag gebunden ist, da durch Weigerung der Herausgabe bestimmter Daten bei Kündigung ein Vertragspartnerwechsel verhindert wird (vgl. auch Vogel 2020).

Haftung für durch fehlerhafte Daten entstandene Schäden. Gerade bei der maschinellen Fertigung von Bauteilen entscheiden häufig Kleinigkeiten über die Art und Güte eines Werkstücks. Bereits kleinste Abweichungen können zu Fehlern führen, die die weiterveräußerten Produkte unbrauchbar machen oder im schlimmsten Fall auch Schäden beim Kunden bis hin zur Betriebsstilllegung nach sich ziehen können. Gehen die hervorgerufenen Schäden auf fehlerhafte Daten zurück, stellt sich die Frage, inwieweit der Bereitsteller der Daten hierfür einzustehen hat – oder anders ausgedrückt – inwieweit er für Datenfehler haftet.

Ein Anspruch auf Schadensersatz im Rahmen eines Vertragsverhältnisses setzt regelmäßig voraus, dass eine Leistungspflicht verletzt wird. Zur Feststellung, ob eine Vertragspartei eine Leistungspflicht verletzt hat, ist es notwendig, die vertraglich geschuldeten Leistungen möglichst genau zu bezeichnen. Dabei sollte auch festgehalten werden, welche Qualität konkret geschuldet wird (Kuß 2020). Schadensersatzpflichtig wird eine Vertragspartei jedoch nur, wenn sie die Schlechtleistung zu vertreten hat. Dabei unterscheidet das BGB in § 276 Abs. 1 BGB zwischen Vorsatz und Fahrlässigkeit. Im Bereich der Fahrlässigkeit wird zudem zwischen einfacher Fahrlässigkeit und grober Fahrlässigkeit unterschieden. Verpflichtet sich

---

[9] Bei einer außerordentlichen Kündigung müssen die regulären Fristen (d. h. die festgelegte ordentliche Kündigungsfrist oder das Ende der Vertragslaufzeit) nicht eingehalten werden. Je nach den Umständen ist aber noch eine entsprechend angemessene Frist abzuwarten, bis der Vertrag beendet ist (vgl. § 314 Abs. 2 und 3 BGB).

[10] Was unzumutbar ist, entscheidet sich im Einzelfall unter Beachtung der beiderseitigen Interessen. Je klarer für Außenstehende Hintergründe und Zwecke des Vertrags sind, desto interessengerechter lassen sich unbestimmte Rechtsbegriffe wie ,Unzumutbarkeit' auslegen.

eine Vertragspartei zur Bereitstellung von Daten, kann sie also auf Schadensersatz in Anspruch genommen werden, wenn sich die Daten als fehlerhaft erweisen (zum Mangelbegriff siehe oben) und sie diesen Umstand zu vertreten hat. Dieses im Gesetz vorgesehene Verschuldensprinzip stößt jedoch in der Praxis häufig an seine Grenzen, denn der zu beweisende Ursachenzusammenhang zwischen fehlerhafter Datenquelle und dem eingetretenen Schadensereignis lässt sich im Nachhinein häufig nicht nachvollziehen. Aufgrund dieser in vernetzten Umgebungen häufig anzutreffenden Intransparenz macht es Sinn, Beweiserleichterungen vertraglich vorzusehen, damit etwaige Ansprüche leichter durchgesetzt werden können (Kuß 2020).

Daneben haben die Vertragsparteien regelmäßig ein Interesse, die Haftung, die zumeist auf einen finanziellen Ausgleich in Form von Schadensersatz gerichtet ist, auszuschließen. Dabei steht den Vertragsparteien aufgrund der im Zivilrecht bestehenden Vertragsfreiheit ein hoher Handlungsspielraum zur Verfügung. Handelt es sich um individuell ausgehandelte Verträge (im Gegensatz zu Allgemeinen Geschäftsbedingungen, die sich an eine Vielzahl von Vertragspartnern richten), kann die Haftung nahezu vollständig ausgeschlossen werden. Ausgenommen ist die Haftung für vorsätzlich hervorgerufene Schäden (§ 276 Abs. 3 BGB) oder Fälle, in denen ein Gesetz anderweitig einen Ausschluss der Haftung verbietet (z. B. die Haftung für Schäden nach dem Produkthaftungsgesetz).

Soll die Haftung im Rahmen von Allgemeinen Geschäftsbedingungen (AGB) ausgeschlossen werden, greifen strengere gesetzliche Vorgaben, die insbesondere Haftungsausschlüsse bei Verletzung von Leben, Körper, Gesundheit und bei grobem Verschulden untersagen. Diese im AGB-Recht zwingend anzuwendenden Vorgaben finden bei Individualvereinbarungen zwar keine Anwendung. Dennoch finden sich in vielen Verträgen Haftungsklauseln, die sich am AGB-Recht orientieren.

Zudem wird in der Praxis die Haftung häufig höhenmäßig begrenzt und beschränkt sich auf Schäden, die bei Vertragsschluss vorhersehbar sind. Nicht möglich ist es in diesem Zusammenhang, sich vertraglich von sog. ‚Kardinalspflichten‘ zu lösen. Dabei handelt es sich um Leistungspflichten, deren Verletzung den Vertragszweck gefährden würde und auf deren Erfüllung der Vertragspartner berechtigterweise vertrauen darf. Ist beispielsweise die technische Übermittlung von Daten über eine zuvor definierte Schnittstelle vereinbart, stellt dies eine wesentliche Leistungspflicht dar. Die Haftung für die Verletzung dieser Leistungspflicht darf so dann nicht beschränkt werden. Wer eine derartige Pflicht vorsätzlich oder fahrlässig verletzt, haftet für den dadurch entstandenen Schaden.

Fragen zur Durchsetzung des Vertrags. Es gibt Verschiedenes, was man beachten kann, um die Einhaltung der vertraglichen Bestimmungen abzusichern. Jeder vertragliche Anspruch ist, wenn er nicht erfüllt wird, gerichtlich einklagbar. An dieser Stelle sei bereits auf die Wichtigkeit nachvollziehbarer, verständlicher Regelungen hingewiesen: Ein Anspruch muss von den Gerichten auch als solcher erkannt werden – bei Auslegungsschwierigkeiten lässt sich vorher nämlich nicht sagen, welcher Partei das Recht zugesprochen wird; es gilt also, bereits bei der Erstellung des Vertrags dieses Risiko durch klare, verständliche Formulierungen und gegebenenfalls weitere Erläuterungen in der Präambel zu minimieren (siehe hierzu auch die Ausführungen in Abschn. 3.3).

Zu diesen Ansprüchen gehören auch <u>Ansprüche auf Schadensersatz</u>. Diese ergeben sich entweder direkt aus Spezialgesetzen (wie beispielsweise dem GeschGehG) oder aus allgemeinen zivilrechtlichen Regelungen bei Verletzung einer Pflicht aus dem Vertrag (§§ 280 ff. BGB). Die Ansprüche bestehen unabhängig davon, ob sie im Vertrag normiert sind oder nicht. Eine vertragliche Wiedergabe kann aber geeignet sein, wenn es aus Sicht der Parteien erforderlich scheint, die bestehenden Konsequenzen und ihre Voraussetzungen klarstellend aufzuzeigen.

Die gesetzlichen Schadensersatzansprüche reichen jedoch nicht in allen Fällen aus, um die eigenen Interessen umfassend zu schützen. Denn zum einen greift eine Schadensersatzpflicht nur bei sog. schuldhaftem Verhalten, d. h., es muss in jedem Fall mindestens Fahrlässigkeit vorliegen. Bei aktivem regelwidrigem Tun wird dies meist der Fall sein, bei schlichter Nichtleistung aber nicht immer. Zum anderen muss ein Schaden natürlich auch beziffert werden können – auch dies ist nicht immer leicht nachzuweisen. Hier können <u>Vertragsstrafen</u> ein geeignetes Mittel sein, da der Anspruch auf die vereinbarte Summe bereits bei festgestelltem Vertragsbruch greift, ohne dass es auf das Vorliegen eines Schadens oder auf ein schuldhaftes Verhalten ankommt. Dadurch wirken Vertragsstrafen auch zugleich als Druckmittel zur Einhaltung des Vertrages.

Die hier genannten Ansprüche <u>verjähren</u> nach drei Jahren (§ 195 BGB). Es ist möglich, diese Frist durch Vereinbarung angemessen (zu den Grenzen s. 3.3) zu verlängern und dadurch mehr Zeit für eine vielleicht erforderliche Rechtsverfolgung zu schaffen.

<u>Vereinbarungen zu Gerichtsstand</u> oder <u>Schiedsgerichtsbarkeit</u> bieten Vorteile wie beispielsweise ein höheres Maß an Vertraulichkeit, ein schnelleres, flexibleres Verfahren unter Beteiligung von mit der Materie vertrauten Experten (Schiedsgerichtsbarkeit) oder eine Zeit- und Kostenersparnis durch Verkürzung der Anfahrtswege (Gerichtsstand). Sie bergen allerdings auch viele Risiken, was die Prüfung ihrer Zulässigkeit im Einzelfall, ihre rechtssichere Formulierung und die richtige Wahl zwischen verschiedenen Ausgestaltungsmöglichkeiten angeht. Von einer vertraglichen Regelung ohne vorige Hinzuziehung von Experten, die die Umstände des Einzelfalls prüfen, wird daher abgeraten.

3.3 Prüfpunkte

Einhaltung der Datenschutzvorgaben bei personenbezogenen Daten. Zwar spielen die Anforderungen der Datenschutzgrundverordnung (DSGVO) und weiterer Schutzgesetze meist keine Rolle, wenn es um Maschinendaten geht. Da jedoch nicht auszuschließen ist, dass in Einzelfällen Maschinendaten Rückschlüsse auf die Person zulassen, die die Maschine bedient, ist an dieser Stelle ein kurzer Exkurs in das Datenschutzrecht geboten. Personenbezogene Daten sind gemäß Art. 4 Nr. 1 DSGVO „alle Informationen, die sich auf eine identifizierte oder identifizierbare natürliche Person beziehen". Ist dies gegeben, müssen die Vorgaben der DSGVO beachtet werden, die eine Verarbeitung (darunter fällt auch die Erhebung als solche, Art. 4 Nr. 2 DSGVO) nur unter bestimmten Voraussetzungen legitimieren. Vorliegend kommt eine Legitimation in Betracht, etwa durch Einwilligung oder durch eine Kollektivvereinbarung (wie eine Betriebsvereinbarung), wobei letztere Alternative vorzugswürdig ist, da sie gegenüber der Einwilligung eine vergleichsweise sichere Rechtsgrundlage bietet und, sofern ein Betriebsrat im Unternehmen besteht, in der vorliegenden Konstellation in den meisten Fällen sowieso abgeschlossen werden muss, um die betriebliche Mitbestimmung gemäß § 87 I Nr. 6 BetrVG zu wahren.(vgl. hierzu im Detail Vogel/Klaus 2019)

Diese Anforderungen treffen zuallererst den Nutzer der Maschine in seiner Eigenschaft als Arbeitgeber und haben für den vorliegend in Rede stehenden Vertrag mit einem Dritten nur dann eine Konsequenz, wenn auch für den Dritten (hier die H) personenbezogene Daten vorliegen – denn dann verarbeitet diese ebenfalls personenbezogene Daten gemäß Art. 4 DSGVO (Schwartmann 2018). Wenn es den Parteien also nicht möglich ist, durch technische oder sonstige Vorkehrungen, die für den Dritten nutzbaren Daten so weit zu anonymisieren, dass H auch nicht mehr theoretisch in der Lage wäre, die betroffenen Personen zu identifizieren, müssen beide Vertragspartner eine Vereinbarung über die Datenverarbeitung abschließen. Diese richtet sich entweder nach Art. 26 DSGVO (bei gemeinsamer Verantwortlichkeit) oder nach Art. 28 DSGVO (Auftragsverarbeitung).[11] Für beide Konstellationen werden online, beispielsweise von Landesdatenschutzbeauftragten oder Gesellschaften wie der BITKOM, diverse Praxishilfen und Mustervorlagen zur Verfügung gestellt.[12]

(Sonstiges) zwingendes Recht. Es existieren auch bei grundsätzlich bestehendem Gestaltungsspielraum gesetzliche Grenzen, die nicht überschritten werden dürfen. Da sich die Vertragsfreiheit aus der grundrechtlich geschützten allgemeinen Handlungsfreiheit (Art. 2 Abs. 1 GG) ableitet, werden diese Grenzen aus einem dem Allgemeinwohl dienenden Grund beziehungsweise zum Schutz typischerweise unterlegener Vertragsparteien festgelegt[13]oder sind (wie § 138 BGB, siehe im nächsten Absatz) vergleichsweise hoch angesetzt, um nur krasse Überschreitungen der gegebenen Möglichkeiten abzufangen. Die die hier besprochene Thematik betreffenden Einschränkungen sind daher zum einen überschaubar und betreffen zum anderen Fälle, in denen die Grenzen und Verbote nachvollziehbar sind – die Gefahr, dass es in der vorliegenden Konstellation zu unbeabsichtigten Gesetzesverstößen kommt, ist daher nicht besonders groß.

---

[11] Für weitere Ausführungen siehe beispielsweise Kremer 2018a, b.

[12] Siehe zum Beispiel unter https://www.gdd.de/aktuelles/startseite/neue-gdd-praxishilfe-zur-gemeinsamen-verantwortlichkeit-nach-art-26-ds-gvo-joint-controllership-abrufbar (letzter Zugriff am 21.07.2021); https://www.frankfurt-main.ihk.de/recht/themen/datenschutzrecht/muster_auftragsverarbeitung/ (letzter Zugriff am 21.07.2021); https://www.baden-wuerttemberg.datenschutz.de/wp-content/uploads/2018/01/muster_adv.pdf (letzter Zugriff am 21.07.2021).

[13] Ein sog. Kontrahierungszwang findet sich beispielsweise in den Bereichen der Daseinsvorsorge: Kein Supermarkt kann den Abschluss eines Kaufvertrages mit einer Person verweigern, kein Unternehmen des öffentlichen Personenverkehrs den Abschluss eines Beförderungsvertrags. Viele Vorgaben gibt es etwa auch im Miet- oder Arbeitsrecht.

Das gilt etwa für § 138 BGB, wonach sittenwidrige Rechtsgeschäfte nichtig sind. Die Norm selbst enthält in ihrem Absatz 2 schon eine Erläuterung, welche Rechtsgeschäfte dies „insbesondere" sein können, nämlich „Rechtsgeschäfte, durch die jemand unter Ausbeutung der Zwangslage, der Unerfahrenheit, des Mangels an Urteilsvermögen oder der erheblichen Willensschwäche eines anderen sich oder einem Dritten für eine Leistung Vermögensvorteile versprechen oder gewähren lässt, die in einem auffälligen Missverhältnis zu der Leistung stehen." Da die Wahrscheinlichkeit, aus Versehen ein sittenwidriges Rechtsgeschäft abzuschließen, äußerst gering ist, wird auf weitere Ausführungen an dieser Stelle verzichtet.

Nichtig ist gemäß §§ 18, 19 GWB i.V. m. § 134 BGB ein Rechtsgeschäft, welches unter Missbrauch der marktbeherrschenden Stellung erfolgt. Die Beurteilung, ob eine marktbeherrschende Stellung vorliegt, richtet sich nach den umfangreichen Kriterien und Auslegungshilfen des § 18 GWB, wonach unter anderem der Zugang zu wettbewerbsrelevanten Daten bei dieser Beurteilung Berücksichtigung finden soll (§ 18 Abs. 3a Nr. 4 GWB). Nach herrschender Ansicht ist die Rechtsfolge nach Sinn und Zweck der Norm jedoch dergestalt zu reduzieren, dass das entsprechende Rechtsgeschäft nicht komplett nichtig, sondern ein Vertrag zu den hiernach noch zulässigen Konditionen fortbesteht (Armbrüster 2018).

Eine weitere, hier relevante, Grenze enthält § 202 BGB für Abreden zur Verjährungsfrist. Hiernach sind Verkürzungen der Frist, wenn sie sich auf einen Anspruch aus Haftung wegen Vorsatzes beziehen und Verlängerungen, die 30 Jahre überschreiten, nicht möglich. Eine solche Klausel wäre unwirksam, sodass an ihre Stelle die gesetzliche Verjährungsfrist von drei Jahren treten würde (Grothe 2018).

Zu beachten sind ferner die Vorschriften der AGB-Kontrolle (§§ 305 ff. BGB), die strengere Maßstäbe an die Wirksamkeit einzelner Klauseln anlegen als das ‚normale' Schuldrecht und die greifen, wenn eine Partei der anderen bei Vertragsschluss „für eine Vielzahl von Verträgen vorformulierte Vertragsbedingungen" stellt (§ 305 Abs. 1 BGB). Hierbei ist gleichgültig, ob die Bestimmungen einen äußerlich gesonderten Bestandteil des Vertrags bilden oder in die Vertragsurkunde selbst aufgenommen werden oder welchen Umfang sie haben. AGB in diesem Sinne liegen nur dann nicht vor, wenn die Bedingungen im Einzelnen ausgehandelt sind. Anwendung finden die §§ 305 ff. BGB (in eingeschränktem Umfang) auch bei Rechtsgeschäften zwischen zwei Unternehmern, (§ 310 Abs. 1 Satz 1 BGB). Allerdings beinhalten hier alle in Betracht kommenden Verbote einen Wertungsspielraum, indem sie die Unwirksamkeit von Erfordernissen wie etwa „Unangemessenheit" und „Unzumutbarkeit" abhängig machen. Hier können unter anderem folgende Fallgruppen relevant werden:

- Bei der Festlegung von Abwicklungszahlen bei Vertragsbeendigung können die Bestimmungen des § 308 Abs. 1 Nr. 7 BGB, für AGB gegenüber Unternehmern über § 307 BGB, relevant werden.
- Die Vereinbarung von Vertragsstrafen in AGB für bestimmte Leistungsverstöße: Diese sind gegenüber Verbrauchern fast immer unwirksam gemäß § 309 Nr. 6 BGB. Eine Vereinbarung unter Unternehmern muss sich ‚nur' an § 307 BGB und damit im Ergebnis daran messen lassen, ob sie den Vertragspartner entgegen Treu und Glauben unangemessen benachteiligen.
- Für Haftungsausschlüsse gelten insbesondere die Bestimmungen des § 309 Nr. 7 und 8 BGB.

Da im vorliegenden Beitrag im Einzelnen ausgehandelte Vertragswerke besprochen werden, erfolgt an dieser Stelle keine umfassende Einordnung der genannten Beispiele. Wichtig ist, sich darüber bewusst zu sein, dass bei Verwendung von AGB strengere Grenzen gelten können, und diesbezüglich entsprechend aufmerksam zu sein.

Klarheit und Bestimmtheit der getroffenen Vereinbarung. Der Vertrag sollte vor Abschluss dahingehend überprüft werden, ob die Regelungen die gewünschten Folgen korrekt wiedergeben und präzise formuliert worden ist. Insbesondere bei Bestimmungen, die Rechte und Pflichten normieren, sollten die Sätze so kurz wie möglich sein. Auf Erläuterungen oder verschachtelte Aussagen ist im Vertrag selbst zu verzichten (hierfür kann und sollte die Präambel genutzt werden, s. o.). Auch sind mehrdeutige oder widersprüchliche Formulierungen zu vermeiden. Die Aussagen müssen sich im Ergebnis daran messen lassen, ob auch ein an den Verhandlungen nicht beteiligter Dritter ohne weitere Erläuterung einen Sachverhalt mit ihnen lösen kann.

4   Fazit und Checkliste

Die folgende Checkliste (Tab. 1) fasst die genannten Punkte (im Vertrag sichtbar oder nicht) zusammen und soll ein Grundgerüst dafür bieten, einen ähnlich gelagerten Sachverhalt hieran orientierend vertraglich zu regeln, wobei die Vertragsparteien die jeweiligen Bestimmungen anhand der Umstände und Interessen des Einzelfalls, der Art der Geschäftsbeziehung und der technischen Machbarkeit wählen und interessengerecht formulieren können. Dabei kann es erforderlich werden, das Knowhow unterschiedlicher Disziplinen einzubeziehen, neben Personen mit technischem Sachverstand beispielsweise auch solche mit juristischem oder ökonomischem Hintergrund. Hier ist es notwendig, eine gemeinsame Sprache zu finden, was Herausforderung und Aufforderung zugleich ist. Je technischer und für den Laien abstrakter die Bedingungen sind, desto mehr Verständnis für die Bedürfnisse der anderen Seite ist gefragt. Geerenstein schreibt hierzu treffend: „Juristen müssen sich zwangsläufig mit technischen Sachverhalten beschäftigen, andersherum ist es aber auch essenziell, dass die andere Seite eine gewisse Sensibilität für die Bedürfnisse der Vertragsgestaltenden entwickelt und klar wird, dass kleinste Unklarheiten oder Abweichungen zu einer völlig anderen Bewertung und damit zu einer notwendig anderen Ausgestaltung führen können" (Geerenstein 2020).

Tab. 1. Die Klammerzusätze zeigen an, ob ein Punkt seinen Niederschlag im Vertrag findet (§) oder lediglich als Prüfpunkt (PP) in die Überlegungen mit einbezogen werden muss

1	Definitionen, Erläuterungen und Hintergründe (Präambel)
2	Vertragsparteien (§)
3	Vertragsgegenstand (§)
4	Leistungspflichten, Zugriffsrechte und Nutzungszwecke (§)
5	Vereinbarungen über die Beschaffenheit des Vertragsgegenstands (§)
6	Bestimmungen technischer Art zur Übertragung der Daten (§)
7	Laufzeit des Vertrags und Kündigung (einschließlich Vereinbarungen über den Vertragsgegenstand bei Vertragsende) (§)
8	Vertragliche Vereinbarungen über die Haftung für durch fehlerhafte Daten entstandene Schäden (§)
9	Fragen der Vertragsdurchsetzung (§) • Hinweis auf gesetzliche oder vertraglich modifizierte Rechtsfolgen • Vertragsstrafen • Verjährung • Vereinbarungen zu Gerichtsstand und Schiedsgerichtsbarkeit
10	Einhaltung der Datenschutzvorgaben bei personenbezogenen Daten (PP/§)
11	Beachtung zwingenden Rechts (PP)
12	Prüfung von Klarheit und Widerspruchsfreiheit der Formulierungen (PP)

Literatur

Apel, S.: Datenkaufvertrag. In: Nägele, T., Apel, S. (Hrsg.) Beck'sche Online-Formulare IT- und Datenrecht, 7. Aufl., Stand 01.05.2021. Beck, München (2021)

Armbrüster, C.: BGB § 134 – Gesetzliches Verbot. In: Säcker, F.J., Rixecker, R., Oetker, H., Limperg, B. (Hrsg.) Münchener Kommentar zum Bürgerlichen Gesetzbuch Band 1. Beck, München (2018)

Bundesverfassungsgericht (BVerfGE), Urteil vom 15. Dezember 1983 – 1 BvR 209/83

Emmerich, V.: BGB § 311 – Rechtsgeschäftliche und rechtsgeschäftsähnliche Schuldverhältnisse. In: Säcker, F.J., Rixecker, R., Oetker, H., Limperg, B. (Hrsg.) Münchener Kommentar zum Bürgerlichen Gesetzbuch Band 3. Beck, München (2019)

Europäische Kommission, Vorschlag für eine Verordnung des Europäischen Parlaments und des Rates über einen Rahmen für den freien Verkehr nicht personenbezogener Daten in der Europäischen Union vom 13.09.2017 – 2017/0228 (COD)

Froese, J., Straub, S.: Wem gehören die Daten? – Rechtliche Aspekte der digitalen Souveränität in der Wirtschaft. In: Hartmann, E.A. (Hrsg.) Digitalisierung souverän gestalten – Innovative Impulse im Maschinenbau, S. 86–97. Springer Vieweg, Berlin (2020)

Gaier, R.: BGB § 314 – Kündigung von Dauerschuldverhältnissen aus wichtigem Grund. In: Säcker, F.J., Rixecker, R., Oetker, H., Limperg, B. (Hrsg.) Münchener Kommentar zum Bürgerlichen Gesetzbuch Band 3. Beck, München (2019)

Geerenstein, D.: Maschinenbau und Industrie 4.0. In: Frenz, W. (Hrsg.) Handbuch Industrie 4.0.: Recht, Technik, Gesellschaft, S. 637−258. Springer, Berlin (2020)

Grothe, H.: BGB § 202 – Unzulässigkeit von Vereinbarungen über die Verjährung. In: Säcker, F.J., Rixecker, R., Oetker, H., Limperg, B. (Hrsg.) Münchener Kommentar zum Bürgerlichen Gesetzbuch Band 1. Beck, München (2018)

Hoeren, T., Uphues, S.: Big Data in Industrie 4.0. In: Frenz, W. (Hrsg.) Handbuch Industrie 4.0.: Recht, Technik, Gesellschaft, S. 113–131. Springer, Berlin (2020)

Kremer, S.: DS-GVO Art. 26 – Gemeinsam für die Verarbeitung Verantwortliche. In: Schwartmann, R., Jaspers, A., Thüsing, G., Kugelmann, D. (Hrsg.) Heidelberger Kommentar DS-GVO/BDSG. C.F. Müller, Heidelberg (2018)

Kremer, S.: DS-GVO Art. 28 – Auftragsverarbeiter. In: Schwartmann, R., Jaspers, A., Thüsing, G., Kugelmann, D. (Hrsg.) Heidelberger Kommentar DS-GVO/BDSG. C.F. Müller, Heidelberg (2018)

Kuß, C.: Vertragstypen und Herausforderungen für die Vertragsgestaltung. In: Sassenberg, T., Faber, T. (Hrsg.) Rechtshandbuch Industrie 4.0 und Internet of Things, S. 387–433. Beck, München (2020).

Sattler, A.: Schutz von maschinengenerierten Daten. In: Sassenberg, T., Faber, T. (Hrsg.) Rechtshandbuch Industrie 4.0 und Internet of Things, S. 35–75. Beck, München (2020)

Schwartmann, R.: DS-GVO Art. 4 – Begriffsbestimmungen. In: Schwartmann, R., Jaspers, A., Thüsing, G., Kugelmann, D. (Hrsg.) Heidelberger Kommentar DS-GVO/BDSG. C.F. Müller, Heidelberg (2018)

Vogel, P., Klaus, A.: Zulässigkeit der Verarbeitung von GPS-Daten im Arbeitsverhältnis. In: Stich, V., Schumann, J., Beverungen, D., Gudergan, G., Jussen, P. (Hrsg.) Digitale Dienstleistungsinnovationen, S. 393–496. Springer, Heidelberg (2019)

Vogel, P.: Datenhoheit in der Landwirtschaft 4.0. In: Gansdorfer, M. et al. (Hrsg.) Digitalisierung für Mensch, Umwelt und Tier. Referate der 40. GIL-Jahrestagung. Bd. Gesellschaft für Informatik, Bonn (2020)

Wiebe, A.: Von Datenrechten und Datenzugang – Ein rechtlicher Rahmen für die europäische Datenwirtschaft. Comput. Recht, 87–93 (2017)

Autorenverzeichnis

B
Büscher, Jan, 93

D
Deuse, Jochen, 93
Diehr, Fabian, 25
Dörr, Luca, 14
Dumitrescu, Roman, 120

F
Froese, Julia, 136

G
Gabriel, Peter, 110
Ganschow, Lene, 38
Gauger, Isabelle, 64

H
Hartmann, Ernst A., 1, 51
Huber, Marco, 64

K
Ködding, Patrick, 120
Kraus, Tom, 38
Künzel, Matthias, 51

L
Lehmann, Claudia, 14

M
Mangelsdorf, Axel, 110

N
Nagel, Tobias, 64

P
Panusch, Thorben, 93
Pentenrieder, Annelie, 51

S
Schmid, Ute, 80
Seul, Thomas, 25
Straub, Sebastian, 136

V
Voget, Stefan, 80

W
Wirth, Christian, 80
Wittenbrink, Nicole, 110
Wöstmann, René, 93

© VDI/VDE Innovation + Technik GmbH 2022
E. A. Hartmann (Hrsg.): *Digitalisierung souverän gestalten II,* S. 153, 2022.
https://doi.org/10.1007/978-3-662-64408-9

Printed in the United States
by Baker & Taylor Publisher Services